ニューノーマル時代に
心地よく働くための実践知

Microsoft Teams 仕事術

椎野磨美

Business Skills × IT Skills

技術評論社

【注意】ご購入・ご利用の前に必ずお読みください

本書に記載された内容は、情報の提供のみを目的としています。したがって、本書を用いた運用は、必ずお客様自身の責任と判断によって行ってください。これらの情報の運用の結果について、技術評論社および著者はいかなる責任も負いません。

本書記載の情報は、2021年2月現在のものを掲載していますので、ご利用時には、変更されている場合もあります。また、ソフトウェアに関する記述は、特に断わりのないかぎり、2021年2月現在での最新バージョンをもとにしています。ソフトウェアはバージョンアップされる場合があり、本書での説明とは機能内容や画面図などが異なってしまうこともありえます。

本書はWindows 10の環境で執筆しています。ご利用のパソコンのOSによっては、一部内容が異なることがあります。

以上の注意事項をご承諾いただいた上で、本書をご利用願います。これらの注意事項をお読みいただかずに、お問い合わせいただいても、技術評論社および著者は対処しかねます。あらかじめ、ご承知おきください。

Microsoft Teams、および本文中に記載されている製品名、会社名は、すべて関係各社の商標または登録商標です。なお、本文中に ™マーク、®マークは明記しておりません。

はじめに

「変化の先読み」「変化の先取り」仕事術

　あなたの今の働き方は、働く場所に出勤する「リアル集合型」が主体ですか？　それとも、バーチャルな場所に集合する「オンライン集合型」が主体ですか？　もしくは、その両方の「ハイブリッド型」ですか？

　図0-1のとおり、以前は、リアルな場所で、時間を合わせる「リアル集合型」の働き方が大部分を占めていました。2020年は、この「リアル集合型」に、バーチャルな場所で、時間を合わせる「オンライン集合型」の働き方が広がり、ニューノーマル時代の「ハイブリッド型」の働き方が始まった年といえるでしょう。

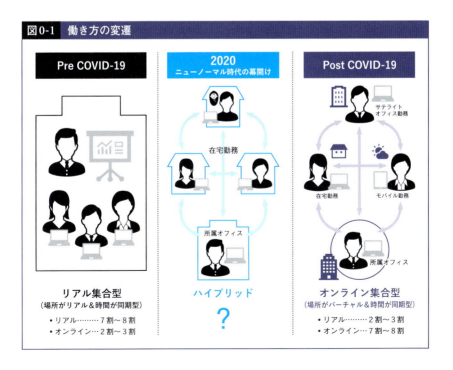

図0-1　働き方の変遷

「ハイブリッド型」の働き方が広がるにつれ、「今までよりシゴトがやりづらい」「チームメンバーとの連携がうまくいかない」といったビジネススキルの相談と、「オンラインツールを使いこなしたい」「効果的に使うコツを教えてほしい」といったITスキルの問い合わせが多く寄せられるようになりました。今までと異なるのは、「できていると思っていたことが、実はできていなかった」と、**「自分のスキルの現在地」と「組織内のITリテラシーの差」を明確に認識された**方が増えた点です。たとえば、「Teamsの機能を使いこなしている」「ExcelやPowerPointを共有して説明する場面において、必要な修正や変更をその場で効率よく行える」など、ITスキルの差が如実に分かるといった具合です。

「ハイブリッド型」の働き方は「ごまかし」が効かないため、これまでであれば隠すことができた「できるの差」を認めざるを得ない状況です。オンラインになったことで問題が発生していると考えている方が多いのですが、**実際は、オンラインになったことで、スキルの格差が可視化されやすくなった**だけと言えます。変化の大小や違いはあっても、変化に合わせて「ビジネススキル」と「ITスキル」のアップデートが必要なことは、過去も現在も同じです。**変化への対応スピードをあげるためには、変化の「先読み」と「先取り」が大事なことは、いつの時代も変わらない**のです。

👥 変化に強く、成果を出す「働き方」と「仕事術」

「働き方」の相談が寄せられる背景には、私の「働き方」があります。遠隔地の同僚とTV会議ができる環境で社会人をスタートして以来、今日に至るまでの約29年間、「オンライン集合型」は、私の「働き方」の1つの手段であり、とても身近なものです。また、「パラレルキャリア」が定義される前の1995年から、「組織のシゴト」と「個人のシゴト」を「パラレルキャリア」として続けてきました。このような「働き方」を続けられているのは、「リアル集合型」と「オンライン集合型」の特性を活かし、バランスよく「ハイブリッド型」で働ける環境があったからです。

本書の企画も、**複数の異なる企業文化の中で「ハイブリッド型」で働き、その「知識（理論）」と「経験（実践知）」から生まれた**ものになります。

ニューノーマル時代は、今まで以上に変化への対応スピードが求められています。変化に強く、成果を出す「働き方」をするには、日々の変化に気づき、「組織」と「個人」の両方が迅速に変化できる組織文化を醸成することです。「組織」と「個人」の両方に、解決する「意思」と「行動」があれば、「働き方」を改善できます。「改善できる」と断言する理由は、既存ルールに囚われず、改革を推進した結果、約1年で「働き方改革成功企業」として、初登場22位／4069社に選ばれた実績があるからです[※1]。

「働き方」を改善するには、次の3つを同時に推進する必要があります。

①「制度」の導入（例：在宅勤務制度、テレワーク制度の導入）
②「環境」の構築（例：PC、ネットワーク環境など、ITインフラ整備）
③「意識」の改革（例：働くヒトの姿勢とスキルの修得）

　約29年間、「ハイブリッド型」で働いてわかったことは、「リアル集合型」と「オンライン集合型」を使い分けることで、より豊かで、より心地よい働き方を実現できるということです。

図0-2　ハイブリッドな働き方

　そして、これまでの経験から、ハイブリッドな働き方の「働きづらさ」を大きく分けると、次の2つに起因することがわかりました。

※1：Vorkers（現openwork）調査の「2017年 働き方成功企業ランキング」による。https://next.rikunabi.com/journal/20180731_c12/

- 「コミュニケーションの難しさ」に対処できない（ビジネススキル）
- 「オンライン」と「リアル」の使い分けがうまくいかない（ITスキル）

Microsoft Teamsが選ばれる理由

　今までの「リアル集合型」のビジネス習慣から一足飛びに「オンライン集合型」のビジネス習慣への対応が求められ、多くの組織は、既存の問題を抱えたまま、ニューノーマル時代に突入することになりました。既存の問題に新しい時代の「働き方」が加わったことで、問題がより複雑化し、どこから変えればよいかを整理できない組織も出てきました。その一方で、元々「ハイブリッド型」で働いている組織は、物理的移動がさらに減った分、時間をより有効に使えるようになり、成果をあげる働き方が加速しています。変化に対応できるか否かで、組織間の格差は広がるばかりです。

　このような状況の中、Teamsのシェアが飛躍的に伸びている[※2]のは、Teamsは、ビデオ会議、チャット、音声通話、共同編集といった、チームのシゴトに必要な機能をまとめて提供し、効率よく、効果的に、チームのシゴトを加速できるからです。さらに、議事録・記録の管理（OneNote）、タスクの管理（Tasks）など、Microsoft 365のサービスと連携も可能です。

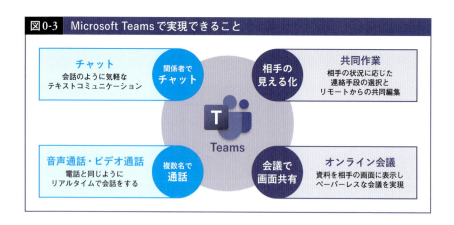

図0-3　Microsoft Teamsで実現できること

※2：1日当たりの利用者数は、2019年11月時点の2,000万人が、2020年10月時点で1億1,500万人まで増加。米国のFortune 100企業の93％、日本の日経225企業の84％（2020年3月時点）が利用（マイクロソフト発表）。

👥 「ビジネススキル×ITスキル」書籍の誕生の背景

　今までは、「伝える努力」や「スキル」が不足していても、お互いに相手の意図を察し合うことで、なんとなく通じていました。ところが、「オンライン集合型」になったことで、うまく伝わらない状況が発生するようになりました。うまく伝わらない原因の多くは、コミュニケーションスキルにあるので、ツールの使い方だけ習得しても、問題は解決しません。

　問題を解決するには、「コミュニケーションスキル（ビジネススキル）」×「ツールを使いこなす（ITスキル）」の両方が必要です。そこで、「ハイブリッド型」な働き方に合わせて、「ビジネススキル」×「ITスキル」の「ハイブリッド型」書籍をつくることにしました。本書は、Teamsの使い方（ITスキル）と「効率的な会議」と「効果的なコミュニケーション」（ビジネススキル）の両方のスキルを習得するための実用書です[3]。

「相手にうまく伝わらない」「相手の意図が分からない」といった「コジンの問題」と、「ムダなプロセスが多い」「ルールやプロセスが不明確」といった「チームの問題」を解決するため、「ITスキル」と「ビジネススキル」の両方の観点から、具体的なアクションを紹介しています。

　働き方がどれだけ変化しても、そこに存在するのはヒトであり、共に働くチームがあることは変わりません。**ヒトが「意識」を変えて「行動」するには、行動に必要な「スキル」を身につける必要がある**のです。

　本書が、あなたのシゴトと、あなたのチームのシゴトのお役に立つことを願っています。

2021年2月

椎野磨美

※3：「ナレッジマニュアル（更新型有償マニュアル）https://www.kan.co.jp/publics/index/146/」で、最新機能を習得可能。詳しくは本書p.213参照。

[CONTENTS]

はじめに 3

第1章 ニューノーマル時代の「働き方」と「仕事術」

Teamsで新しい働き方を
はじめるための準備 14

「時間を圧縮する」で
時間を生み出す技術 19

「複数のコトを同時に実行」で
時間を生み出す技術 23

「場所と時間の壁を超える」で
時間を生み出す技術 27

第2章 チャットのキホン

チャットコミュニケーションの
特性を理解する 36

「ステータスメッセージ」と
「プレゼンス」で状況を共有する 39

「ちょっと、いい?」を実現する
「プライベートチャット」 46

「チーム」と「チャネル」の
使い分けが効率化の鍵! 50

チームの会話を見える化する
「チャネル」の投稿 53

「ちょっと集まって!」を実現する
「グループチャット」 61

ファイルや画面の共有で
やりとりをスムーズにする 64

Teams内の情報を
すばやく検索する 72

第3章　会議のキホン

「時間」と「場所」の調整から
「目的」と「効率」で選ぶ時代へ 76

いつでも、どこからでも
Teams会議を開く 78

CONTENTS

「会議に参加する」から
「会議を退出する」までに ································· 88

会議の「視覚情報」を
カスタマイズする ································· 94

会議中の「チャット」と
「手を挙げる」でリアクション ················· 100

「画面の共有」を使いこなして
伝わる会議を実現 ························· 103

次のアクションにつなげる
「会議の記録」 ································· 107

ブレークアウトルームで
グループディスカッションを実現 ············· 111

第4章 オンライン コミュニケーションを 円滑にするコツ

オンラインコミュニケーションに
必要な「スキル」とは？ ····················· 114

メールとチャット
それぞれの課題と解決方法 ················· 122

「言葉」は言葉以上の
意味をもつことを知る ····················· 132

心地よく伝わる
文章の書き方を考える ……………………… 137

音声コミュニケーション
電話・通話の考え方 ………………………… 144

ニューノーマル時代の働き方は
「会議」を中心に組み立てる ………………… 146

オンライン会議の成否は
ファシリテーターで決まる ………………… 154

第5章 チームを「見える化」する

Formsで「チーム」と
「コジン」の課題を共有する ………………… 160

Yammerで組織の
ヒトとヒトをつなぐ ………………………… 165

Tasks（Planner）で
チームのシゴトを管理する ………………… 167

Teamsのチームと
チャネルの管理 ……………………………… 174

CONTENTS

第6章 ジブンのシゴトの「見える化」

Tasks（To Do）で
コジンのシゴトを管理する 184

OneNote でいつでも
どこでも手軽にメモをとる 190

OneDrive でジブンの
データを管理する 200

MyAnalytics でジブンの
働き方を「見える化」する 204

「やりたいこと」＝「できること」
＝「求められていること」 206

読者特典 213

索引 214

第1章

ニューノーマル時代の
「働き方」と「仕事術」

Teamsで新しい働き方をはじめるための準備

　早速、Teamsを使いはじめるための準備を進めましょう。Teamsを利用する場合、以下の3種類の方法があります[※1]。

表1-1　Microsoft Teamsを利用する方法

種類	OSやブラウザの種類
デスクトップ版 （アプリケーションとしてインストール）	Windows
	Mac
	Linux
モバイル版 （アプリケーションとしてインストール）	Android
	iOS
Webブラウザ （最新バージョンとその前の2つのバージョン）	Microsoft Edge
	Google Chrome

※一部の機能が未サポートであるWebブラウザは未掲載（2021年2月22日現在）

　デスクトップ版のインストールは、Microsoftのサイト[※2]から可能です。

図1-1　Microsoft Teamsのダウンロード

※1：最新・詳細情報については https://docs.microsoft.com/ja-jp/microsoftteams/get-clients
※2：https://www.microsoft.com/ja-jp/microsoft-365/microsoft-teams/download-app

なお、Teams会議に初めて参加する場合、アプリケーションをインストールするか、Webブラウザから参加するかを選ぶことができます。本書では、Windows版のアプリケーションをベースに説明します。

Teamsアプリケーションの起動

Teamsアプリケーションの起動は［スタート］から行います。起動時にサインインを求められた場合は、組織から指示されたサインインアドレス（Microsoftアカウント）とパスワードを入力してください。

図1-2　Microsoft Teamsの起動

❶［スタート］をクリック　❷［Microsoft Teams］をクリック　❸サインインを求められた場合は、組織から指示されたサインインアドレス（Microsoftアカウント）とパスワードを入力して進める

Teamsの画面構成

Teamsの画面は、大きく分けると4つのパートから構成されています。2章以降でそれぞれの役割を説明していくので、現段階ですべてを覚える必要はありませんが、簡単に確認しておきましょう。

図1-3 Microsoft Teamsの画面構成

❶アプリバー：[チャット][チーム][カレンダー][通話]など、各機能を使う起点
❷リストウィンドウ：アプリバーをクリックすると、ビューが切り替わる
❸検索ボックス／コマンドボックス：メンバーやファイルの検索。コマンド入力でTeamsの操作が可能
❹メインウィンドウ：リストウィンドウで選択した項目のコンテンツが表示される

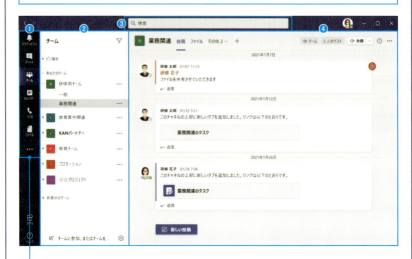

アクティビティ（最新情報）
自分宛てのメッセージ通知や、自分の投稿履歴を表示

チャット
1対1またはグループでのチャットを開始

チーム
所属するチームやチャネルを表示

カレンダー（予定表）
Outlookの予定表と連携。Teams会議の設定も可能

通話
メンバーとの音声通話、ビデオ通話

ファイル
Teams上で閲覧、編集をしたファイルの一覧

その他
Teamsで使用できるアプリを表示

2021年2月22日現在の表記。（ ）内は、以前の表記。バージョンアップのタイミングで日本語表記が変わる場合があります。

新しい会議エクスペリエンスをオンにする

本書では、「新しい会議エクスペリエンスをオンにする」設定を有効にした状態のTeams操作について説明をします。Teamsに新たな機能が追加された際に、この設定をオンにしておかないと、新機能が使えない場合がありますので、先に設定を確認してください。

※ 2021年2月執筆時に項目として存在していましたが、2021年4月現在、項目から削除されています。

図1-4 「新しい会議エクスペリエンス」をオンにする

❶ Teams画面の右上に表示されている、自分のアカウントアイコンをクリック
❷ メニューから[設定]をクリック
❸ 設定画面の[一般]タブを選択し、「アプリケーション」欄にある[新しい会議エクスペリエンスをオンにする]にチェックをつける
※ Teamsアプリケーションを閉じて、アプリケーションの再起動が必要

👥 Teamsを使いこなすために必要な、もう1つの「準備」

　ここまでで、「Teamsを使いはじめる準備が整いました」と言いたいところですが、**本書の目的は、「ITスキル」と「ビジネススキル」の両方を身につけ、「仕事術」を磨くことです。** ITスキルとして「使い方」を習得することは必須ですが、機能の「使い方」だけを捉え、本質を理解していない場合、本当の意味でスキルを身につけているとは言えません。なぜなら、基本的な使い方はできても、応用的な使い方ができないからです。

　「日本は、ITリテラシーが低い」「日本は、世界に比べてデジタル・トランスフォーメーション（DX）[3]が遅れている」という話を見聞きしたことがある方も多いと思います。「世界デジタル競争力ランキング2020」によると、日本は63カ国中27位で、前年の23位からさらに順位を下げている状況です[4]。

　日本のITリテラシーやデジタル競争力が低下している原因は、IT化やデジタル化の際に、**形だけ導入しようとする傾向があり、製品やサービスがどのような「コンセプト」や「思想」で作られているかの理解が不足している**点にあると考えています。製品やサービスの機能の〇×表だけを見て判断し、形だけ導入しようとすると、「コンセプト」や「思想」という本質が置き去りにされてしまうのです。

　本質が理解できていると、機能を探したり、進化を予測したりできるので、より便利な使い方ができます。「Any device. Any network. Anywhere」というTeamsの「コンセプト」が持つ意義と時代背景（ニューノーマル時代）を理解したとき、Teamsを真に使いこなすことが可能になります。

　そこでTeamsの具体的な「使い方」を説明する前に、1章の残りの節では、技術進化の背景を理解し、モノゴトの本質を捉える力を磨くために必要なことについて説明しておきたいと思います。このまま1章から順番に読んでいくことをおススメしますが、**Teamsの具体的な「使い方」を先に習得したい方は、2章以降を先に読んでからこの後に戻ってくるという形でも問題ありません。**

※3：エリック・ストルターマンが提唱した「ITの浸透が、人々の生活をあらゆる面でより良い方向に変化させる」という概念。
※4：https://www.imd.org/wcc/world-competitiveness-center-rankings/world-digital-competitiveness-rankings-2020/

「時間を圧縮する」で
時間を生み出す技術

第1章
ニューノーマル時代の
「働き方」と「仕事術」

　絶え間なく「ヒトが移動する」が前提だった世界が大きく変わった2020年。「シゴトのためにヒトが移動する」が前提であった世界に、「ヒトのいる場所にシゴトが移動する」働き方が広く認知された年と言えます。

　「ヒトが移動する」前提の世界では、電車や飛行機といった「移動手段」を進化させ、より速く、より遠くまで移動することを可能にしました。**モノを機械化・高速化し、所要時間を圧縮することで「時間」を生み出してきた**のです。また「再生化」として、「録画」という概念を実現するモノやサービスを作り出し、物理的には不可逆的な「時間」を、まるで時間の巻き戻しができるかのように、**過去のモノやコトを「情報」として未来に共有**できるようにしました。「録画」の技術は、欠席した会議内容を「情報」として受け取れるようにしただけでなく、**再生スピードを高速化することで、実際の会議時間より短い時間で会議内容を把握することも可能**にしました。ヒトは技術による「○○化」を推進し、「シゴトが移動する」を実現してきたのです。

Teams会議の「録画」

Teams会議の機能の1つに「録画」があります。録画機材を用意しなくても、Teams会議だけで簡単に「録画」ができます。

欠席した会議であっても、録画した映像があれば、議事録の文字だけでは分かりづらい「会議の詳細」、発言者の表情や声色、共有された画面など「モノゴトが決まるまでの経緯」を完全な形で再現・共有が可能です。

Teams会議では、「文字起こし」機能によって議事録作成時間を短縮できるようにしたり、「ライブキャプション」機能によって話しているヒトの言葉を字幕表示したり[5]、会議に役立つ機能追加や改善が次々と行われています（Teams会議の詳細については、第3章で紹介します）。

※5：2021年2月4日現在日本語未対応。

👥 「時間の圧縮」を妨げる「習慣」を見直す

しかし、モノの進化だけでは解決できない問題があります。それは、**ヒトの「思考」や「行動習慣」が引き起こす、「所要時間の増加」**です。

日本の「働き方」の問題として「残業時間が多い」「会議時間が長い」といった話が至る所から聞こえてきますが、組織の「環境（IT基盤）」や「制度（人事制度）」を整えたとしても、そこで**働くヒトの意識（「思考」と「行動」）が変わらなければ、「働き方」の問題を解決することはできません**。たとえば、効率よく実施すれば30分でできる会議を、1時間、2時間かけて実施している場合、いくら「録画」の再生スピードをあげても、ムダな時間が多いという問題そのものを解決することはできないからです。

そこで「思考」と「行動習慣」を見直すために、次の3つの問いに答えてみてください。

【問1】あなたは、自宅からある目的地（例：東京タワー）に、決められた時間（例：12時）までに移動する必要があります。移動中に予定していた経路で問題が発生し、その経路が使えなくなりました。あなたは、最初に何をしますか？

A：目的地に到着するために、別の経路や代替手段を考える

B：なぜ、その経路で問題が発生したのか、原因を考える

C：その他

【問2】あなたは、営業チームのマネージャーで、チームの予算の責任者です。期末まで残り3か月ですが、チームの予算が未達成の状況です。チームメンバーのうち、5名は個人予算を達成していますが、残り2名は個人予算を達成していません。あなたは、最初に何をしますか？

A：残り2名と一緒に、個人予算を達成していない原因を分析する

B：残り2名と一緒に、個人予算を達成できるように対策を考える

C：その他

【問3】ある場所に井戸を掘る必要があります。井戸を掘るために、あなたは、作業者のＡさんにスコップを渡して、毎日10ｍずつ掘り進めるように指示を出しました。ある日、途中に大きな岩があり、７ｍしか掘り進められず、３ｍ残ってしまったとＡさんから報告がありました。あなたは、何が「問題」だと思いますか？

第1章
ニューノーマル時代の
「働き方」と「仕事術」

　【問１】について、あなたはどれを選んだでしょうか？　この質問は、多くの方がＡを選びます。その理由は、**「問題」を解決する方法が存在し、それを使うことで、自分の「目的」が達成できることを知っている**からです。経路検索アプリケーションに、「現在地」と「目的地」を入力すれば、経路、乗換回数、時間、費用が算出され、目的を達成するための「解」が示されます。

　では【問２】はどうでしょうか？　個人予算が未達成の２名の「原因分析」または「対策」を先に考えましたか？　それとも「その他」で、「チームとして何ができるか」を先に考えましたか？　たとえば、２名に対する「原因分析」や「対策」ではなく、個人予算を達成している５名の営業能力が高いと考え、「５名に対して追加で契約をとってくるよう指示を出す」という案を考えましたか？

「問題が発生したら、最初に原因分析が必要」と考えることが無意識な思考習慣になっている場合、原因追求や分析に時間がかかり、目的を達成できない場合があります。【問２】のポイントは、残り３か月でチーム予算を達成するために、確度の高いことを優先的に行う必要があるのです。ここで伝えたいことは、**「目的達成」を最優先に考えた場合、チームの目標を達成した後で、２人の原因分析をするやり方（順番）を考えたかどうか**という点です。

　最後に【問３】について、あなたは何が「問題」だと考えましたか？

- スコップを使っていたこと
- 事前調査が足りなかったこと
- １人で掘っていたこと
- 岩があること

21

これらはいずれも、「問題」を引き起こしている「原因」です。「問題」は、「目的」を達成するために障害になっている事柄、つまり「3ｍ残ってしまっている」ことなのです。「原因追究」思考になっていると、無意識に「問題」そのものより、それを引き起こしている「原因」に思考が向きやすくなります。

　「問題」が発生すると、過去に起きた出来事の「原因追究」ばかりが優先され、本来の「目的達成」が遅れてしまっている場面をさまざまな所で目にします。同じミスを繰り返さないために、原因分析し、改善することは重要ですが、いつ原因分析を行うか、モノゴトを実施する順番も重要です。

　考える「方向」と「順番」を変えることで、目的達成までの時間は変わります。決められた期日までに「目的」を達成するには、「原因追究」ばかり優先するのではなく、自分の思考を鍛え、考える順番を意識することが大切です。

図1-5　「原因追究」思考と「目的達成」思考

「複数のコトを同時に実行」で時間を生み出す技術

> 第1章
> ニューノーマル時代の「働き方」と「仕事術」

「機械化」と「自動化」は、ヒトがコトに関わる時間を最小化し、コトからヒトを開放することに成功しました。**開放された時間を他のコトに使えるので、複数のコトを同時に行うことができます。**たとえば、ドラム式洗濯機で洗濯を、掃除ロボットで掃除を全自動化した場合、開放された時間を他のコトに使うことができるといった具合です。

そして、技術の進歩によるモノの「小型化」と「携帯化」によって、「同時に実行」の可能性はさらに広がっています。約40年前、ソニーのウォークマンは「音楽を聴く」＋「移動する」という2つのコトの同時実行を可能にし、「音楽を持ち歩く」という新常識を作りました。これが今のライフスタイルの常識・常態として根付いていることに、異論を唱える方はいないと思います。同じように、スマートフォン上で簡単に「会議」ができるTeamsは、「会議をする」＋「移動する」という同時実行を可能にしてくれます。これはまさに、「会議を持ち歩く」という新常識を提案するものだと言えるでしょう。

スマートフォンで、Teams会議を持ち歩く！

iPhone用とAndroid用のTeamsモバイルアプリケーションを利用すれば、別の場所への移動中であっても、スマートフォンからTeams会議に参加できます。Teamsでは、他のデバイスからのシームレスな切り替え機能が提供されているので、スムーズな切り替えが可能です。

たとえば、PCで参加しているTeams会議の途中で、別の場所に移動しなければならない場合、同じ会議にスマートフォンから参加すると、スムーズにPCからスマートフォンに切り替え、Teams会議に参加し続けることができます。

「同時に実行」を効率的にするプロセス思考を磨く

「同時に実行」もまたモノの進化だけでは上手くいかない側面があります。より効率的に行うためには、「プロセス（過程）でモノゴトを考える」ことが重要になってきます。

ヒトの手で行っていることを、機械化したり、IT化したりするためには、導入コストがかかります。機械化やIT化が遅れている組織は、導入にかかる金額だけに着目してしまいがちですが、それでは大事なポイントを見落としてしまいます。

そこで図1-6の例のように、作業のプロセスを整理し、「機械化」「自動化」できる部分とできない部分を区別すると、問題の本質が見えてきます。

自動化で効率的になる過程、機械化すると付加価値がつく過程については「同時実行」することで、仕事のパフォーマンスを最大化できるようになるのです。**ヒトがヒトにしかできないコトに時間を割き、効果・効率を上げるためには、「プロセス思考」を鍛えることが重要**です。

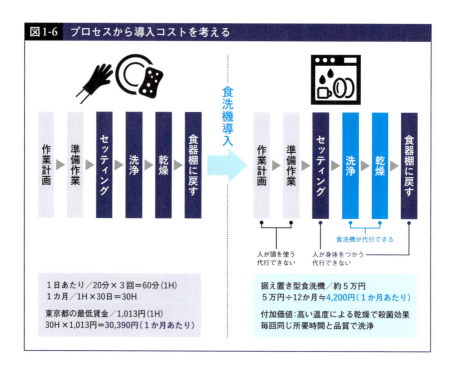

シゴトを「一連の流れ」として「見える化」する

「同じミスがなくならない」「いつまで経っても改善されない」組織の共通点としても、「プロセス思考」でモノゴトが考えられないことを挙げることができます。たとえば、ミスをした相手に「再発しないように注意してください」と注意だけを行っているケースです。また、始末書だけ書かせて終わりという組織もあるかもしれません。始末書に再発防止案を書かせても、再発防止の仕組みがプロセスに組み込まれていなければ、同じミスが発生するリスクは減らないのです。

シゴトを「一連の流れ」として「見える化」すると、同じチームで一緒にシゴトをしていても、ヒトによって考える「粒度」が異なることが分かります。**粒度の差は異なる解釈を生み、プロセスの過不足や問題を発生させます。粒度を揃え、プロセスの過不足を顕在化させることが、組織の問題や課題を改善する第一歩**なので、各自が実行しているコトを「一連の流れ」として「見える化」し、チームで確認することをおススメしています。

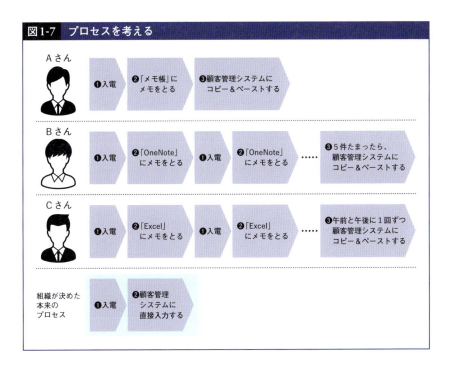

図1-7 プロセスを考える

図1-7は、組織が決めたルール（プロセス）は理解しているけれど、ヒトによって異なる方法が行われていた事例です。この状況が発生した背景には、顧客からの入電が増え、コールセンターの人員を増やした結果、顧客システムへのアクセス数が増え、システムのレスポンスが悪化したことにありました。

Aさんも、Bさんも、Cさんも、コピー＆ペーストにより、「自分のプロセスが増えていること」「転記ミスのリスクが増えること」を認識していたにも関わらず、応答率達成という目標のために、「ルール」に反していたことになります。

「ルール」や「システム」は、シゴトを減らすためにある！

「ルール」や「システム」を策定する側が、「ルールに従って行動してください」「システムを使ってください」という声かけをしても、それだけではヒトは動きません。「なぜ必要か」と説明をしただけでも動きません。

「ルール」や「システム」は、ヒトのミスを減らし、シゴトを減らし、ヒトを楽にするために作るものです。ところが、「ルール」や「システム」が、ヒトのシゴトを増やしているのは、一方向の視点だけでつくられた「ルール」や「システム」が多いからです。**誰かの作業が減っても、別の誰かの作業が増えているのであれば、それは、全体として、シゴトが最適化されているとは言えません。**

業務プロセスを改善するには、プロセスを「見える化」したら、1つ1つのプロセス（作業）を3つの観点でチェックします。

- その作業は、誰かを笑顔にする作業かどうか？
- その作業は、自分のシゴトも、相手のシゴトも減らしているか？
- その作業は、自動化できるか？

ある時点で最適化された「いつもやっていること」は、必ずしも、今に最適化されているとは限らないのです。

「場所と時間の壁を超える」で時間を生み出す技術

遠隔地をつなぐTV会議システムが誕生し、「オンライン会議」が会議形態の１つになってから約40年が経過しました。誕生当時は一部の企業でのみ導入されていた仕組みが、技術進化によって「TV会議システムが使える物理的会議室」という制約がなくなりました。多くのユーザーが先端的な技術や製品を安価で使えるようになったことで、「どこにいても、一緒に働く（Work Together Anywhere）」環境を手に入れることが容易になりました。

「ヒトのいる場所にシゴトが移動する」働き方の中心にTeamsがあるのは、Teamsが、**ヒトとヒトをつなぎ、コミュニケーションとコラボレーションを促進し、チームワークを加速させるための環境を提供するサービス**だからです。「Any device. Any network. Anywhere」は、Teamsのルーツである、Microsoft Lync 2010[※6]の登場時から変わらない、オンラインコラボレーションツールとしての「コンセプト」です。

「ビデオ会議、音声通話、チャットを使って他のヒトと会話」「デスクトップやアプリケーションの共有機能を利用してリアルタイムで共同作業」を、どのデバイスからでも、どのネットワークからでも、どこからでも実現します。Lync→Skype for Business→Teamsと名前は変わっても、ヒトがどこにいても一緒に働ける環境を提供するという「コンセプト」は変わらず、10年以上前からサービスを提供し、進化を続けているのです。

ただし2020年までは、一部の組織を除き、多くの組織やヒトにとって、「仮想空間に集合する」ことは非日常であったことも事実です。ところが2020年１月から始まったCOVID-19の世界的な感染拡大によって、組織やヒトが、望む、望まないに関わらず、「仮想空間に集合する」技術を使うことが求められています。

※6：Microsoft Lyncの前身には、Office Communicatorがある。

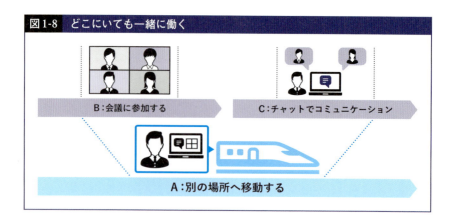

　この新しい技術は、ヒトが段階的に受容することで、徐々に社会の常識・常態として浸透していくはずのものでした。しかし、社会的に大きな影響を与える出来事によって、急速に浸透・定着させる必要性が生まれています。COVID-19の世界的な感染拡大のように、**社会的に大きな影響を与える出来事が避けがたい構造変化をひきおこし、新常識・新常態が生まれ、それらが社会に浸透・定着するまでの転換期のことを、本書では「ニューノーマル時代」と定義**します[7]。

　COVID-19によってもたらされたニューノーマル時代は、「ヒトが移動できない」という避けがたい構造変化によって、「シゴトのためにヒトが移動する」世界を「ヒトのいる場所にシゴトが移動する」世界に変えることが求められています。変化に対応するためには、特定の場所に移動しなければできないシゴトかどうかを見極め、ニューノーマル時代のハイブリッドな「働き方」である「リアル集合型」「オンライン集合型」「ハイブリッド集合型」を使い分け、特性にあった「仕事術」を駆使する必要があります。

ワークスタイルを変える？　シゴトの価値を変える？

　「ヒトが移動できない」という構造変化に対応する場合、従来の方法や提供価値を変えることで、変化に対応できるシゴト、できないシゴトがあります。ニューノーマル時代の避けがたい構造変化にどれだけ早く対応できるかで、シゴトが存続できるかどうかが決まると言っても過言ではありません。

---

[7]：「ニューノーマル」という言葉は、2007年〜2008年の世界金融危機以降、危機の前後で生じた、社会的に避けがたい構造変化を経て「新しい常態・常識」が生じている状態を意味する言葉として使われ始めた。

表1-2　提供する価値と提供方法の変更

対応	提供する価値	職種	変更内容（Before➡After）
可	①提供する価値は変わらない （ワークスタイルを変更）	営業	対面➡オンラインセールス
		シェフ	対面➡テイクアウト／デリバリー
	②提供する価値を変える （シゴト内容を変更）	シェフ	食事の提供 ➡ミールキット宅配サービス 　（再現するレシピと材料の提供） ➡オンラインクッキング 　（料理のつくり方を教える）
不可	③価値は変えられない	ドライバー	

シゴトの価値を整理する

　「働き方」を整理する場合、最初に確認するのは、**シゴトによって提供される価値そのものに変化があるかどうか**という点です。表1-2の①の場合、「働き方」が「対面（物理的な仕事空間）」から別の方法に変わったとしても、シゴトが提供する価値そのものは変わりません。営業のシゴトは、販売する製品やサービスの価値を顧客に伝え、契約を結ぶことであり、シェフのシゴトは、料理をつくり、顧客に提供することです。

　つまり、「働き方」は変わっても、顧客に提供するモノやサービスの価値は変わらないのです。提供するモノやサービスの価値は変わらないにも関わらず、成果が出ない場合、**原因の多くは、「働き方」の違いではなく、「働き方」に適した対応、変化への対応ができていない点**にあります。

　表1-2の②の場合、提供する価値そのものを変えることで、今までとは異なる価値を顧客に提供することができます。①のシェフが提供する価値は完成した食事ですが、②はシェフのレシピやつくり方といった新しい価値であり、その価値を提供するのに適した「提供方法」や「働き方」を選ぶことになります。

　表1-2の③の場合、ドライバーのシゴトは、モノやヒトを正確に目的地に届けることです。ドライバーのシゴトは、モノやヒトの物理的な移動を伴うので、「ヒトが移動できない」という構造変化に対応するため、ドライバーの「働き方」そのものを大きく変えることは難しいといえるでしょう。

シゴトを「場所」と「時間軸」で整理する

「働き方」を整理する場合、図1-9のように、シゴトを「場所」と「時間軸」で分別し、そのシゴトにリアルタイム性や同期性が必須かどうかを見極めます。こうすることで、「リアル集合型」で提供していたシゴトを「オンライン集合型」で実現できるかどうかを整理しやすくなります。

変化への対応は急務ではありますが、すべてのシゴトを変化に合わせて変えられるわけではないので、今まで以上に「変えられること」と「変えられないこと」を明確にする必要があります。特に、**自分のシゴト、チームのシゴトで「リアル集合型」でしかできないと思い込んでいるシゴトが「オンライン集合型」で可能かどうか、今まで変えられないと考えていたコトを変える必要があるのであれば、どうしたら変えられるかを考える**ことが重要です。

図1-9	場所と時間軸でシゴトを整理する(例:営業のシゴト)

			時間	
			合わせる(同期)	合わせない(非同期)
場所	合わせる	リアル	顧客オフィスの会議室で行う商談	商品カタログ(紙)を顧客に郵便で送付する
		オンライン	オンライン会議で行う商談	商品カタログ(デジタル)を顧客にメールで送付する
	合わせない	リアル	不特定先に行う飛び込み営業	営業活動報告書の作成(紙ベース)
		オンライン	営業時間内に行うテレセールス	営業活動報告書の作成(システム)

クリティカルシンキングで変化に対応する

　それでも、時代にあわせて変化していくというのは難しいことです。「前例に従って」「前例にないから」という言葉につい流されてしまうということもあるかもしれません。変化を受け入れ、より豊かで、幸せな働き方を実現するためには、常に目的を意識し、感情や主観に流されることなく、自分の考えや意見を客観的にとらえ、変化を先読みし、モノゴトを判断するスキルが必要になります。

　このスキルのベースになるのが、**クリティカルシンキング**（Critical Thinking）です。日本語では「批判的思考」と訳され、「目的は何なのか？」「本当にこれでよいのか？」と、情報を鵜呑みにせず、疑問を持ち、常に問い続ける思考法です。

　このクリティカルシンキングについて考えるため、本章では最後に次の問いを投げかけてみたいと思います。

【問1】日本のおとぎ話である「浦島太郎」の一般に知られている「あらすじ」は、亀を助けた恩返しとして、浦島太郎が龍宮城に連れて行かれ、乙姫から「もてなし」を受けます。その後、浦島太郎が帰郷の際、乙姫から「開けてはなりません」と念押しされた玉手箱が渡されます。そして故郷に戻り、玉手箱を開けてしまった浦島太郎が白髪の老人に変わってしまうというものです。亀を助けてくれた浦島太郎に、なぜ、乙姫は、開けると老人になってしまう玉手箱を、わざわざ「開けてはなりません」と念押ししてまで渡したのでしょうか？

第1章　ニューノーマル時代の「働き方」と「仕事術」

31

あなたはこれまで、開けると老人になってしまう玉手箱を、乙姫が浦島太郎に渡したことに「疑問」をもち、その「目的」を考えたことはありますか？

また、「疑問」をもった場合、仮説を立て、根拠となるデータを探し、仮説検証をしたことがありますか？「昔話とはそういうものだ」として、鵜呑みにしていた方も多いのではないでしょうか。

この例からも分かるように、クリティカルシンキングは身につけることが難しいスキルの1つです。すでに問題や課題として認識できているコトであれば、ロジカルシンキング※8やシステムシンキング※9を使って、要素分解し、整理すれば解決可能です。しかし、**前例や慣例として踏襲されているコトや常識とされているコトについては、常に問い続ける意識をしていなければ、あらためて「疑問」を持ったり、「目的」を考えたりすることはないでしょう。**

また仮に、何かに対して「疑問」を持ったとしても、「疑問」に対して仮説を立て、さまざまな観点のデータを集め、仮説検証し、理論や結論を導き出すことは困難な作業です。

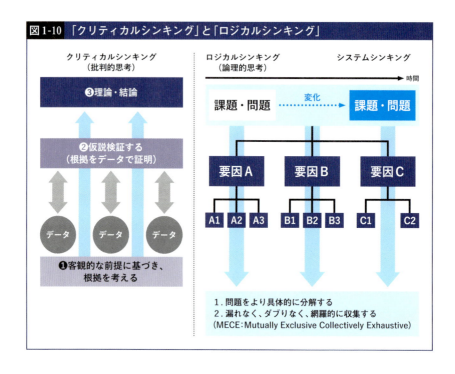

図1-10 「クリティカルシンキング」と「ロジカルシンキング」

※8：「種類がたくさんあるという複雑さ」を対象とし、主に物事を分析し、切り分けて、要素還元型のアプローチを取る思考法。
※9：「動的な複雑さ」を対象とし、物事が時間を経てどのように変化をしていくのか、その仕組みを解析し、部分よりも全体としてのつながりや相互作用といった営みに着目をする思考法。

それでも、クリティカルシンキングは、ビジネスパーソンの必須スキルと言えます。図1-11では、クリティカルシンキングの基本姿勢である3つの要素をまとめました。

まず、どのようなときも、「目的」を意識することが大切です。たとえば、「その機能は何のために存在するのか？」「この会議は何のためにやっているのか？」といった具合に、常に「目的」を確認する習慣を身につけます。

また、同時に、モノゴトの「前提」を確認する習慣も身につけます。関係者の前提がズレたままモノゴトを進めると、トラブルが発生したり、期待とは異なる結果になったりします。「目的」も「前提」も、言語化することで、関係者の認識のズレを減らすことができます。言わなくても分かるではなく、関係者が同じ認識になるよう、共通の「言葉」で確認するようにします。

さらに、情報を鵜呑みにするのではなく、「常に問い続ける」姿勢で、情報の真偽を確認する習慣も大切です。

次章からいよいよ、具体的なTeamsの活用法へと入っていきますが、常にこの姿勢を意識しながら読み進めていただければと思います。

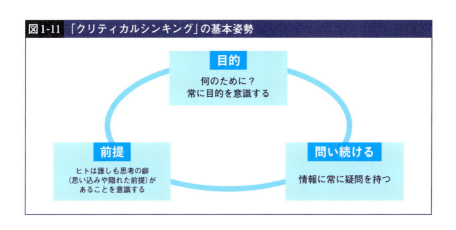

図1-11 「クリティカルシンキング」の基本姿勢

第2章

チャットのキホン

チャットコミュニケーションの特性を理解する

👥 チャットで伝わる情報・伝わらない情報

　Teamsの機能の1つにチャット機能があります。Teams会議内のチャットだけでなく、1対1のチャット（**プライベートチャット**）、複数名でチャット（**グループチャット・チャネルの投稿**）の3種類があり、目的や用途に合わせてチャットを使い分けることができます。

表2-1　チャットの種類

種類	プライベートチャット	グループチャット	チャネルの投稿
例えるなら	LINE	LINE グループ	Facebook
閲覧範囲	1対1 (指定したユーザーのみ)	グループメンバー内 (グループチャットに追加したメンバーのみ)	チームメンバー内 (全員)

　オンラインで話をする場合、スムーズに話し手を交代したり、タイミングよく会話に入って質問したりすることが難しいと感じる場合があります。

　チャットを利用すると、**話し手の言葉を遮ることなく、聴き手が自分の意見や質問を書くことができる**ので、迅速でスムーズなやり取りが可能になります。

　また、最初は難しいかもしれませんが、オンラインに慣れると、チャットに書き込まれる反応や質問を見ながら、話し手が柔軟にストーリーを変更できるので、話し手の言葉と聴き手のチャットが融合され、対面のときよりも

一体感のある双方向コミュニケーションが可能になります。**チャットコミュニケーションは、相手と迅速なやり取りを可能にし、音声によるオンラインコミュニケーションの難しさを補完してくれる存在**と言えます。

　ただし、このチャットを活用するためには、コミュニケーション方法によって、伝わる情報が異なることを認識しておかなければなりません。図2-1は、コミュニケーション方法と、相手に伝わる情報を整理したものです。

「オンラインコミュニケーション」と「対面」の大きな違いは、「振る舞い」や「雰囲気」といった、人間の感覚で感じ取っている情報の有無です。物理的に同じ空間で働いているときに、言葉には出ていないけれど、「なんとなく、楽しそう」「なんとなく、今は、声をかけない方がいいな」といった雰囲気を感じた経験もあるのではないでしょうか？

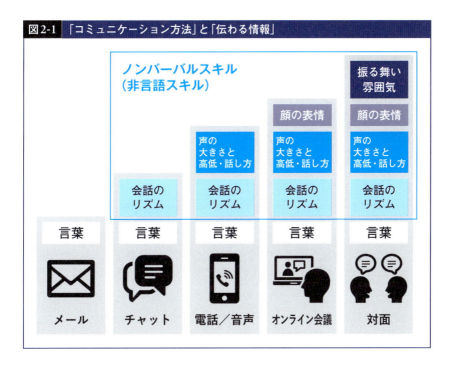

図2-1 「コミュニケーション方法」と「伝わる情報」

「言葉」以外の情報を具体的に体感するため、図2-2の写真の中から、あなたが一緒に働きたいと思うヒトを1人だけ選び、その理由を考えてください（全員、あなたと共通言語で話ができる前提で考えてください）。

図2-2　一緒に働きたいと思う人は？

　あなたは、何番を選びましたか？　また、選んだ理由は、どのような理由ですか？　「楽しそう」「真面目そう」「優しそう」「相談にのってくれそう」など、ヒトによって、選ぶ番号も、理由もさまざまです（ぜひ、あなたのチームのメンバー全員に同じ質問をしてみてください）。おそらく、顔の表情、姿勢、雰囲気から、相手がどのような人かを推測しながら、選ばれたのではないでしょうか？

　私たちは、「言葉」以外のノンバーバル（非言語）情報を受け取ることで、相手の感情や状況を理解し、スムーズなコミュニケーションを実現しています。コミュニケーション方法によって伝わる情報に違いがあるのであれば、それを理解した上で、「ツール」や「ルール」を活用して、コミュニケーションすればよいのです。

「ステータスメッセージ」と「プレゼンス」で状況を共有する

ステータスメッセージで「断る」を減らす

あなたは、誰かからの依頼を「断る」ことは、得意ですか？ それとも苦手ですか？ 依頼を断ったとき、「断ってよかったのかな？」とクヨクヨしたり、断れなかったら断れなかったで、「引き受けるのではなかった」と後悔したりという経験は、誰しも1度くらいはあるのではないでしょうか？

「本当は断りたい」ということを「察してほしい」と、あなたは思うかもしれません。しかし本章で解説するチャットでは、ノンバーバル情報が伝わりづらいため、「察してもらう」は対面よりもさらに難しくなります。

したがって「断る」が苦手なヒトほど、そのような機会が少なくなるように、準備をすることが重要になります。つまり「ツール」と「ルール」で、不足している情報を補うことで、「察する」が不要な仕組みを作ればよいのです。

上手く「断る」ために必要な「ルール」は、**自分の判断基準を言葉にして共有する**ことです。例として、ある方に初めて企画の提案をした際に、伝えられた言葉を引用します。

> 1つだけお願いがあります。このように、新しく、楽しい企画であれば、今後も、全力で協力させていただきますが、**もし、同じ参加者に対して、同じような企画の場合は、お断りさせてもらうと思います。**

この例のように、相手の判断基準が「共有」されていれば、相手の判断基準に合う提案を考え、「断られる」回数を減らそうとするはずです。つまり「このような条件であれば対応できる」という**基準を言語化して共有しておけば、判断基準に合わない声かけが減り、結果として「断る」回数も減る**ことになります。「断る」「断られる」回数が減れば、シゴトの効率が上がるだけ

でなく、シゴトがしやすくなることは、誰しも容易に想像できるのですが、その回数を**減らすため**の**「ひと言」**を伝えていないことが多いのです。

ステータスメッセージで自分の状況を共有する

そしてこの「判断基準の共有」を実現するのが、Teams の**ステータスメッセージ**です。「ステータスメッセージを使って、自分の状況（判断基準）を共有する」ことを、組織やチームの「ルール」にしておけば、相手の姿が見えない状況でも、お互いの状況を理解することができます。

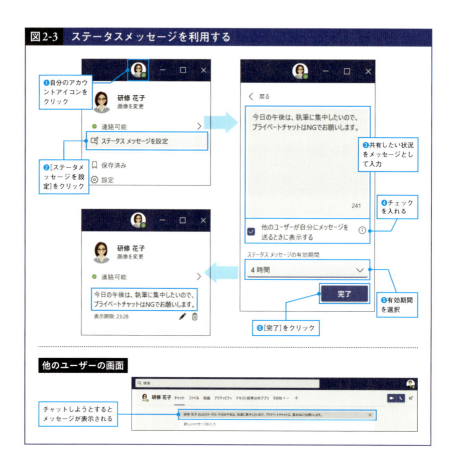

図2-3 ステータスメッセージを利用する

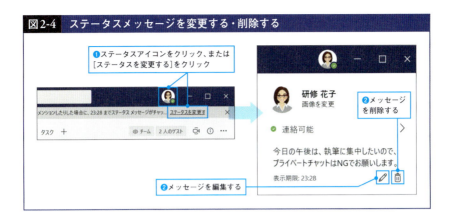

図2-4 ステータスメッセージを変更する・削除する

プレゼンスを確認して適切な連絡方法を選ぶ

先ほどとは反対に、自分が誰かに連絡を取りたい場合、相手の状況を事前に確認できれば、「今、連絡しても大丈夫か」「連絡手段は、何が適切か」を選ぶことができます。「連絡可能」であれば、気軽にチャットで話しかける、通話をするといった選択肢があります。「取り込み中」であれば、終わるのを待って連絡したり、「退席中」であれば、後から返信をもらえるように、詳細なチャットやメールを送っておいたりすることも可能でしょう。

Teamsはステータスメッセージだけでなく、プレゼンスで相手の状況を確認できるので、「今、連絡しても大丈夫かな？」「どのように連絡しようかな？」と悩む要素が少なくなります。**自分の状況を共有し、相手の状況を確認する習慣を身につけ、状況にあった方法を選択することで、オンラインコミュニケーションを快適にできる**のです。

Teams画面の右上に表示されている、自分のアカウントアイコンを確認すると、右下に緑や赤の小さな丸がついています。これが、ユーザーの現在の状況（可用性や在席状況）を表す**プレゼンス**（ステータス）です。この色や記号で、自分やほかのメンバーの状況が分かります。このプレゼンスは、Teams予定表、Outlook予定表の登録状態やPC稼働状況によって、自動で変更されます。

図2-5 Microsoft Teams のプレゼンス

相手のプレゼンスを確認する

　Microsoft 365の同じテナント[※1]のアカウントや同じチーム／チャネル（チームとチャネルについては後述）に所属しているメンバーは、チャット画面やメンバー一覧で相手のプレゼンスを確認できます。ステータスアイコンにカーソルを位置づけると、文字で状態が表示されるので、アイコンの意味は一目で分かります。

　状況によって、チャット以外の方法（メール、ビデオ通話、音声通話）に簡単に切り替えてコミュニケーションすることもできます。

図2-6 相手のプレゼンスを確認する

※1：Microsoft 365を契約すると、その「組織」が利用できる1つのMicrosoft 365環境が用意される。この環境（組織アカウント）を「テナント」と呼ぶ。

図2-7　プレゼンスの種類

アイコン	状態	説明	選択
✅	連絡可能	Teams、Outlookの予定表や通話がなく、PC操作をしている状態 または、手動で設定している状態	手動選択可能
✅	連絡可能、不在	Outlook予定表で「外出」の予定が入っている時間帯に、PC操作をしている状態 「外出中」はユーザーのOutlookで「自動返信」を設定されている期間	
🔴	取り込み中	Teams、Outlook予定表に予定が入っている状態 または、手動で設定している状態	手動選択可能
🔴	通話中	Teamsアプリで通話中の状態	
🔴	会議中	Teams、Outlook予定表に、複数名が参加する予定が入っている状態	
⭕	通話中、外出中	Outlook予定表で「外出」の予定が入っている時間帯に、 Teamsアプリで通話中の状態	
⛔	応答不可	手動で設定している状態 通話はボイスメールに転送され、チャットのバナー通知は表示されない	手動選択のみ
⛔	発表中	Teams会議中に、画面共有をしている状態	
⛔	フォーカス	TeamsのMyAnalyticsを利用し、 Outlook予定表でフォーカス時間を設けた状態	
🌙	退席中	PCがロック状態、スリープ状態、一定時間（既定は5分）以上PC操作がない状態 または、手動で設定している状態	手動選択可能
🌙	一時退席中	手動で設定している状態	手動選択のみ
🌙	業務時間外	Outlook予定表で設定している業務時間（会議時間）外で、 PCがロック／スリープなどの状態	
⊗	オフライン	オフラインの状態	
◯	状態不明	Teamsの状態が取得できない状態（アカウントが確認できないなど）	
←	外出中	Outlook予定表で「外出」の予定が入っている時間帯に、 Teamsからサインアウトしている状態	

プレゼンスを手動で変える

　予定は入っていないけれど、「集中したいので、なるべく連絡をしてほしくない」といった状態のとき、何かの予定を登録して自動表示で「取り込み中」とさせるのではなく、手動でプレゼンスを変えることができます。

　また逆に、予定は入っているけれど、通話がかかってきたら対応可という場合も、自動表示ではなく、手動でプレゼンスを変えておくことで、対応を速やかに行うことができます。自分のプレゼンスを正しく設定しておくことで、Teamsで繋がっている相手に、自分の状態を示すことができます。

　プレゼンスが自動変更されるように戻す場合は、手動で［状態のリセット］を選択する必要があります。

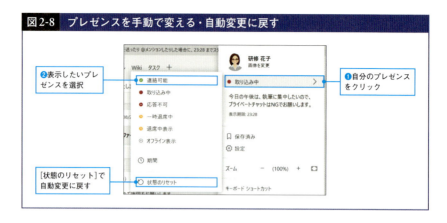

相手のプレゼンスが変わった通知を受けとる

連絡を取りたい相手が「連絡可能」や、オフラインになったときに、通知を受け取りたい場合は、[状態通知を管理]で設定することができます。

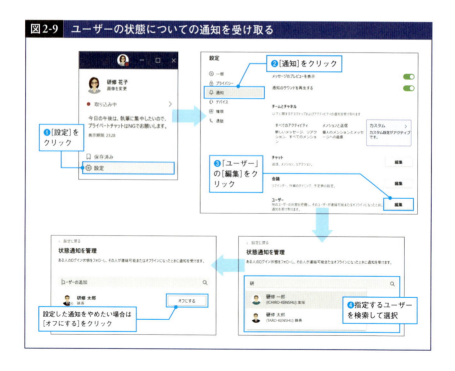

「応答不可」のときでも特定の相手からの連絡は受け取る

Teamsは、さまざまなタイミングで「通知」を受け取ります。既定の設定では、デスクトップ画面右下にバナー通知（ポップアップ通知）が表示されます。「応答不可」の場合、既定ではバナー通知が表示されない状態になりますが、特定の相手からのバナー通知を表示したい場合、「優先アクセスを管理する」で設定することができます。

図2-10　特定の相手からの連絡を受け取る

「ちょっと、いい？」を実現する「プライベートチャット」

1対1の会話はチャットを基本に

　1対1のコミュニケーションの場合、つい電話をしたくなるかもしれませんが、電話は相手の都合に関係なく、相手の時間に割り込むことになります。相手と直接話をしたいと思った場合、反射的にすぐ電話をかけるのではなく、まず「会話をすることでより一層の効果が得られるか」を考えることが重要です。そして「相手が話せる状態かどうか」をチャットで確認してから電話をするか、「○時までに直接話をしたい」というリクエストを出し、相手の都合の良い時間に電話をかけてもらうとよいでしょう。

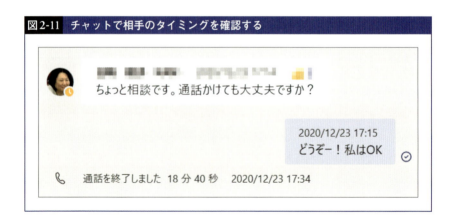

図2-11　チャットで相手のタイミングを確認する

1対1のチャットを開始する

　特定の相手と1対1でコミュニケーションしたい場合、Teamsのプライベートチャットを利用します。

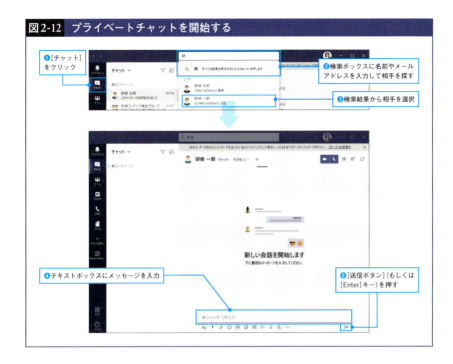

図2-12 プライベートチャットを開始する

【Tips】メッセージ送信直後、入力ミスを素早く修正する

メッセージ送信直後であれば、[↑]キーや[^]キーを押すと、すぐに編集モードに切り替わるので、すばやく修正することができます。

メッセージを改行して入力する

テキストボックスで書式エディターを使っていない状況では、[Enter]キーの押下によって、メッセージが送信されます。メッセージを改行して入力したい場合、2つの方法があります。

【方法①】テキストボックスで、[Shift]キー＋[Enter]キーを押す
【方法②】書式エディターを使うと、[Enter]キーの押下は改行になる
　　　　※書式エディターの使い方は、p.57参照

投稿したメッセージを修正・削除する

投稿後に投稿内容を修正したい、投稿を事情により削除したいということもあるでしょう。その場合は、次のような手順で行います。

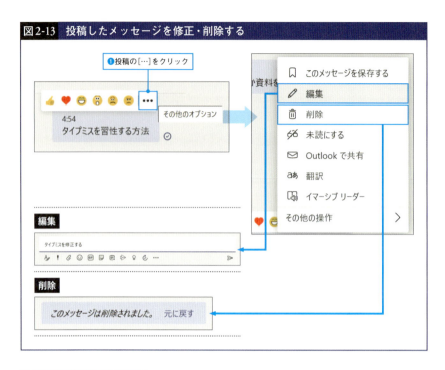

図2-13 投稿したメッセージを修正・削除する

チャットの相手を探す

最近チャットした相手であれば「最近のチャット」から、検索した相手であれば「検索ボックス」の履歴から、チャットの相手を探すことができます。

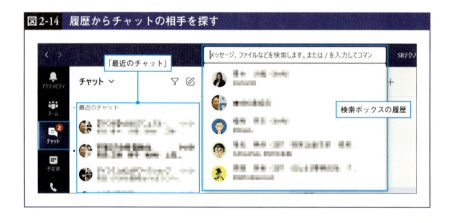

図2-14 履歴からチャットの相手を探す

「連絡先」に登録して相手を探す時間を短縮する

「連絡先」を使うと、連絡先をグループで整理することができます。「連絡先」には、既定で「お気に入り」グループが作成されています。

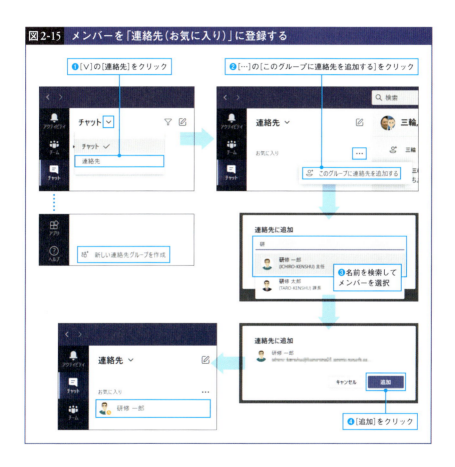

図2-15 メンバーを「連絡先(お気に入り)」に登録する

プライベートチャットの相手を整理したい場合は、「連絡先」に新しいグループを作成して、整理することをおススメします。「連絡先」の下部に表示される［新しい連絡先グループを作成］をクリックすることで作成が可能です。

「チーム」と「チャネル」の
使い分けが効率化の鍵！

👥 チャットコミュニケーションのデザイン

　あなたの組織は、作成したファイルをどのように管理するかルール（保存場所、保存期間、フォルダー構造、命名規則など）を決めていますか？

　また、あなたは、大量の情報をどのように整理、管理していますか？

　情報が無秩序に散らばった状況にならないように情報を整理し、理解しやすくする方法論として、**情報デザイン**（information design）があります。

　情報を収集して、整理するまでの大まかな流れは、**①目的に応じて情報を収集→②収集した情報を分析→③必要な情報は構造化して保存・保管**になります。情報デザインに基づき管理されている情報と、そうでない情報では、目的の情報に辿りつくまでの時間が大きく異なります。扱う情報量が増えれば増えるほど、その差は大きくなります。**「探す時間」を減らすためには、情報を構造化して管理しておくことが重要**です。

　チャットでやり取りされる内容も、有益な情報であることに変わりはありません。後で情報を検索しやすくするために、構造化しているかどうかで、仕事の効率に大きな差が出てくるのです。ここでルールとして重要なのは、以下の2つが実践されているということです。

---

①投稿場所が構造化されている
②構造化された場所に適切な情報が投稿されている

---

　②の課題の1つとして、本題から話が脱線したとき、目的とは異なるチャットが続いてしまうことです。1つのスレッド（投稿の一連のやり取りのことをスレッドと呼びます）に、「カテゴリ」や「目的」が異なる投稿が混在している状況は、1つのフォルダーの中に目的がバラバラなファイルが大量に

保存されているようなものです。その際、「この内容はスレッドが違うから別スレッドに移動しませんか？」と話の流れを止めて、別スレッドに導くこともコミュニケーションスキルとして、非常に大切です。

「チーム」と「チャネル」の役割を理解する

構造化を実現するために重要なのが、**「チーム」と「チャネル」の違いを理解すること**です。Teamsの特徴は、「チーム」と「チャネル」という2つの階層構造になっている点にあります。チームの方が大きな単位で、チームの中にチャネルを複数作成できるようになっています。

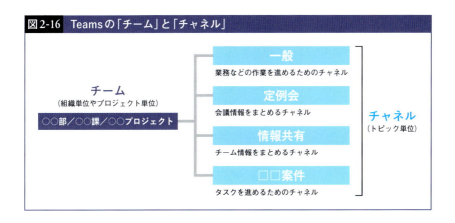

図2-16　Teamsの「チーム」と「チャネル」

Teamsの**チーム**は、同じ目的の業務を行うメンバーをまとめる単位です。例えば、部や課のような組織単位、複数の部や課にまたがったプロジェクトチームといった、共同で作業するメンバーをまとめる目的で作成します。チーム内のチャット（「チャネル」の投稿）やファイルは、チームメンバーだけが見ることができます。

一方で**チャネル**は、チーム内をさらに整理するためのカテゴリとして作成します。それぞれの「チーム」の中で、定例会、ワーキンググループ、専門分野など、トピックやテーマごとに作成することで、チャットや共有ファイルや会議を分類、整理できます。たとえば、関係性のない「A社案件」と「新規事業プロジェクト」の話が、1つの「チャネル」でチャットされている場

面を想像してみてください。あらかじめ「案件管理用」「新規事業用」にチャネルを分けてあった方が、整理しやすいと思いませんか？

「チーム」はメンバー（ヒト）をまとめる単位、「チャネル」はチャットやファイルの情報をまとめる単位と考えると分かりやすいかもしれません。

業務効率や運用効率を考えてチャネルを設計する

「チーム」と「チャネル」は、チャットやファイルを分類、整理することが目的なので、乱立しないように、作成ルールや命名規則を最初に決めておくことがポイントです。ルールがない状況で自由に作りすぎると、後から整理したり、情報を探したりすることが大変になります。だからといって、「チーム」や「チャネル」の作成を、すべて申請制にしてしまうと、管理のための管理が発生し、組織やチームのシゴトが増えることになります。

組織やチームのシゴトを増やさないように、適切な権限委譲をおこない、「チーム」と「チャネル」が煩雑にならないように、組織や部門のルールを決めておくことが重要です。Teamsに限らず、コラボレーションウェア（グループウェア）を使って、業務を効率よく、効果的に進めるには、少なくとも以下の3点について検討することをおススメしています。

- チームやチャネルの管理権限を各部門に委譲し、部門に管理者をおく
- 権限委譲された部門の管理者に、管理に必要なトレーニングを受けさせる
- 作成基準・命名規則・削除基準、ルールの見直し間隔（3か月・6か月）など、運用ルールを決める

チームの構成メンバーやビジネスは変化するので、定期的にルールの見直しをすることは重要です。**定期的（3か月毎・6か月毎）にルールの見直しをすること自体もルールにしておく**とよいでしょう。

なお「チーム」と「チャネル」の具体的な作成方法については、5章で紹介します。「チーム」や「チャネル」は、コミュニケーションを分類・整理する上で重要な役割を担うため、作成や管理には権限が必要です。

チームの会話を見える化する「チャネル」の投稿

チャネルでのチャットのはじめ方

Teamsで「チーム」を作成すると、既定で「一般」という名前の「チャネル」が作成されます。また、会話や共有ファイルを目的やカテゴリ毎に整理するため、チーム内に「チャネル」を作成することもできます。

「チャネル」のチャットはオープンなチャットとして、すべてのチームメンバーに公開され、チーム全体に共有することができます[※2]。

図2-17 「チャネル」の「投稿」を開始する

※2：機能として「プライベートチャネル」を作成することも可能。その場合は、メンバーとして指定された人だけに共有される。

各チャネルの投稿を閲覧する

「チャネル」に投稿されたメッセージは、各チャネルにスレッド形式で表示されます。メッセージを見たいチームをクリックし、チャネルを選択することで、チャネル内の投稿を閲覧することができます。

図2-18　各チャネルの投稿を閲覧する

複数のチャネルに同じ投稿をする

新規投稿時に、同じ内容のメッセージを複数のチャネルに投稿したい場合、「複数のチャネルに投稿」の機能を使えば、1度に行うことができます[※3]。

図2-19　複数のチャネルに同じ投稿をする

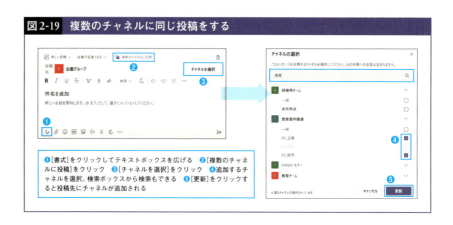

❶[書式]をクリックしてテキストボックスを広げる　❷[複数のチャネルに投稿]をクリック　❸[チャネルを選択]をクリック　❹追加するチャネルを選択。検索ボックスから検索もできる　❺[更新]をクリックすると投稿先にチャネルが追加される

※3：複数チャネルに投稿されたメッセージへの返信については各チャネルで行われるため、複数チャネルへの同時返信はできない。

チャネルにアナウンス（お知らせ）を投稿する

投稿を目立たせ、投稿内容を周知したい場合、背景画像や見出しを設定できる「アナウンス」を利用します。

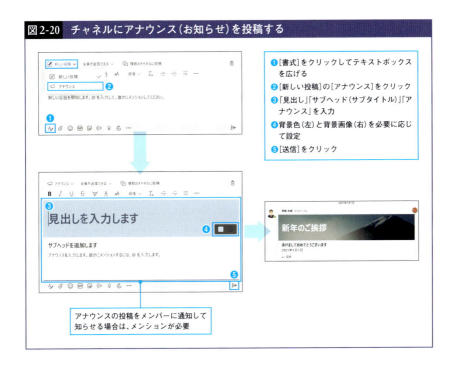

図2-20　チャネルにアナウンス（お知らせ）を投稿する

❶[書式]をクリックしてテキストボックスを広げる
❷[新しい投稿]の[アナウンス]をクリック
❸「見出し」「サブヘッド（サブタイトル）」「アナウンス」を入力
❹背景色(左)と背景画像(右)を必要に応じて設定
❺[送信]をクリック

アナウンスの投稿をメンバーに通知して知らせる場合は、メンションが必要

読んで欲しい相手をメンションで明確に！

「チャネル」の投稿で、特定の人にメッセージを送り、そのメッセージを情報としてチームに共有したい場合があります（メールのTOとCCに相当）。このような場合、チャットでは、**メンション**を使います。メンション（mention）は、英語で「〜に言及する」という意味になりますが、IT用語としては「メッセージを読んで欲しい相手を指定して投稿する」という意味になります。

特定のメンバーをメンションで指定する

メンションは、@（半角アットマーク）のあとに、「ユーザー名」を指定します。このように「@ユーザー名」で相手を指定することを「メンションする」といいます。メッセージ中のどの場所でもメンションすることができますが、文頭でメンションすることで、「その人宛に送信している」という意味合いがあります。

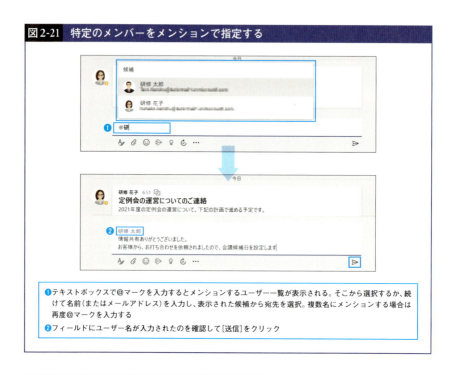

図2-21 特定のメンバーをメンションで指定する

❶テキストボックスで@マークを入力するとメンションするユーザー一覧が表示される。そこから選択するか、続けて名前（またはメールアドレス）を入力し、表示された候補から宛先を選択。複数名にメンションする場合は再度@マークを入力する
❷フィールドにユーザー名が入力されたのを確認して[送信]をクリック

チームやチャネルをメンションで指定する

メンション先に指定することができるのは、ユーザーだけではありません。チームやチャネルを指定することも可能です。チームやチャネルを指定することで、所属メンバー全員にメンションすることができるというわけです。

同じように、@マークを入力し、続けてチーム名またはチャネル名を入力、表示された候補から宛先を選択します。

タグをメンションで指定する

　Teamsでは、「タグ」を作成し、特定のメンバーを登録することができます。タグ名でメンションすると、登録したメンバーに通知されます。

　「タグ」は、チームの所有者権限を持つユーザーが、事前に作成しておく必要があります。定期的に、特定のメンバーにメンションする必要がある場合、あらかじめ、「タグ」として作成しておくことで、効率的かつ漏れなく通知することができます。なおタグの作成方法は、5章で解説します。

　タグを指定する場合も、テキストボックスで@マークを入力し、続けてタグ名を入力し、表示された候補から宛先を選択します。

【Tips】メンションする場所に意味をもたせる

　メッセージの文頭で特定の相手にメンションすることで、メンションされた相手に向けた投稿であることが分かります。この場合、メンションされた相手が、メールのTOに相当し、チームメンバー全員がCCに相当します。

　投稿内容によっては、その投稿がメンバー全員ではなく、一部メンバーに向けてのCCであることを示したい場合があります。その場合、メンションする場所に意味を持たせ、チームのルールとして共有しておきます。

　例えば、TOは文頭、CCに相当するメンバーはメッセージの後とする、などのルールがあるでしょう。投稿がチーム全員に公開されていることは変わりませんが、その投稿の関係者がより明確になります。

👥 メッセージは、相手に見やすく、分かりやすく！

　チャットの魅力は、会話のように気軽なコミュニケーションができることです。会話のように短めの文章でやり取りするだけでなく、ある程度まとまった長さのメッセージを投稿したい場合があります。その場合は、「書式エディター」を使うことをおススメします。

　なお、「書式エディター」を利用している場合、[Enter]キーは改行の意味になります。投稿するときには、[送信]ボタンをクリックします。

第2章
チャットのキホン

57

投稿へのリアクションルールを決めておくと便利

　投稿したメッセージに誰からも反応がないと、メッセージが必要なメンバーに届いているかどうか分からず、不安になることがあります。チームで心地よく働くためには、こういった不安が起きないよう、投稿されたメッセージに対して、メンバーとしてなんらかの「反応」を示すことが必要です。

　最も基本的なのは、投稿に対して「返信」をすることでしょう。返信は次ページの図2-23の手順で行うことができます。

図2-23　チャットの投稿に返信する

チャットの投稿に「いいね！」でリアクションする

投稿に対して、「承知しました」「ありがとうございました」「助かりました」と返信メッセージを投稿する代わりに、次のようなアイコンで反応することができます。

「承知しました」＝「いいね！」
「ありがとうございました」「助かりました」＝「ステキ」

このようなリアクションルールを決めておくと、返信メッセージが大量に投稿されることを防ぎ、スレッドが見やすくなり、コミュニケーションもスムーズになるでしょう。

図2-24　チャットの投稿にリアクションする

メッセージを保存して、シゴトの抜けもれ防止

複数のチームやチャネルに関わっている場合、自分に関係するメッセージが多くのチャネルに存在します。

Teamsには、重要な内容や後で確認したい投稿を1か所にまとめて保存しておく機能があります。この機能を利用して、シゴトの抜けもれを防止することができます。メッセージを読み、すぐに対応できないことは「このメッセージを保存する」を使って1か所にまとめておきます。時間がとれたら保存されているメッセージを確認し、対応が終わったら保存されたメッセージを一覧から削除すればよいのです。

図2-25 このメッセージを保存する・保存したメッセージを確認する

「ちょっと集まって！」を実現する「グループチャット」

グループチャットの使い方と考え方

物理的なオフィスで働いているときと同じように、近況報告や相談など、複数名で会話をしたいことがあります。このような、会議を開くほどではないけれど、「関係者を集めて、ちょっと相談したい」「特定のメンバーで、非公開でチャットをしたい」といった場合、**グループチャット**を利用することができます。

ただし、複数名とコミュニケーションするという目的は、チャネルのオープンなチャットでも実現できます。すでに解説したように、メンションを利用すれば、特定の人宛てにメッセージを投稿することができるからです。この場合、メンションされていない人からアイデアやアドバイスをもらえたりする可能性もあります。

また、非公開のグループチャットが多くなると、どこまで共有してあって、どこから共有していないかが分かりづらくなり、コミュニケーションが煩雑になることもあります。**「チーム」と「チャネル」による情報の構造化**という観点からも、あまり望ましくない状態といえるでしょう。

したがって、情報共有は「チャネル」のオープンなコミュニケーションが基本になるように設計し、非公開のグループチャットが増えすぎないように、チームメンバーに周知しておくことが重要です。

以上を踏まえた上で、ここではグループチャットを行う具体的な方法を紹介します。

グループチャットを開始する

グループチャットは以下の手順で開始することができます。

図2-26 グループチャットを開始する

❶メニューアイコンから[チャット]をクリックし、[新しいチャット]をクリック
❷[∨]をクリック（※省略した場合、❸のグループ名の入力ボックスは表示されない）
❸「グループ名」にグループ名を入力
❹「メンバー」に追加するメンバーの名前を入力し、該当者を選択(複数名可)
❺メンバーが揃ったら[Enter]キーを押下

グループチャット開始後にグループ名を変更する

グループチャット作成時にグループ名を設定しなかったり、後からグループ名を変更したりしたい場合は、以下の方法で行います。なお、チャットがまだ開始されていない状態では、[名前グループチャット]のアイコンは表示されないので注意してください。

図2-27 グループチャット開始後にグループ名を変更する

グループチャットに後からメンバーを追加する

グループチャット作成後に、後から新しいメンバーをグループチャットに追加することも可能です。3名以上のグループチャットにメンバーを追加する場合、それまでのチャットを共有するかどうかを選択できるようになっています。

図2-28 グループチャットに後からメンバーを追加する

ファイルや画面の共有で やりとりをスムーズにする

同じファイルを見ながらチャットする

　関係者の認識の齟齬を減らし、効率よくシゴトを進めるためには、必要な資料を共有することは必要不可欠です。チャットでコミュニケーションする場合も、チャットに必要なファイルを共有し、同じファイルを見ながらコミュニケーションすることで、やりとりをスムーズにすることができます。

　同じファイルを見ながらコミュニケーションすることで、必要に応じて、その場でファイルの内容を修正することもできるので、修正したファイルをメールでやりとりするような手間も省くことが可能です。

チャットにファイルを添付する（ファイルを共有する）

　チャット中にファイルを共有したい場合、以下の4つの場所からファイルを選択し、ファイルをアップロードすることができます。

- 最近使ったアイテム
- チームとチャネルを参照
- OneDrive
- コンピューターからアップロード（自分のPCの任意の場所）

　ただし、プライベートチャットとグループチャットの場合は、[OneDrive]と［コンピューターからアップロード］のどちらかのみとなるので注意してください。

図2-29 ファイルを添付する

共有されたファイルを開く

共有されたファイルを開く場合、以下の方法があります。

- **Teamsで編集**
  Teams内でファイルを開く。共有されたファイルの内容の確認や、ちょっとした文字の修正などの簡易的な編集の場合に使用
- **デスクトップアプリで開く**
  デスクトップのOfficeアプリで開く。複数に分かれているExcelのシート、マクロが組み込まれたファイルなど、複雑なファイルの閲覧、編集に使用
- **ブラウザーで開く**
  Office Onlineでファイルを開く
- **ダウンロード**
  ローカルにダウンロードして、デスクトップのOfficeアプリでファイルを開く
- **これをタブで開く**
  Teamsに新しいタブを作成してファイルを開く

「ダウンロード」以外は、Teams上のファイルを操作することになり、編集した内容は、Teams上のファイルに直接、反映されます。そのため、ファイルをアップロードしなおすことなく、最新の情報を共有できます。ただし、ファイルを開いたまま放置してしまうと、ロックがかかってしまう場合があるので、ファイルを開いたままにしないように注意してください。

「ダウンロード」は、ご自身のPC（ローカル）上のファイルを操作することになるため、Teams上のファイルに反映されません。編集後は、ファイルをアップロードして上書きする必要があります。

また「Teamsで編集」「ブラウザーで開く」「これをタブで開く」は、一部使えないOfficeの機能があるので注意が必要です。

図2-30　共有されたファイルを開く

❶共有されたファイルの［…］から開き方を指定

共有されたファイルはチャット画面の［ファイル］タブに保存される

自分の画面を共有する

「自分のPCに保存されている資料を相手に見せながら説明したい」「画面操作を相手に見せながら説明したい」など、チャット中に、自分の画面を共有したい場合があります。Teamsは、会議だけでなく、チャットからも画面共有することができます。

図2-31 画面を共有する

共有する側

共有される側

❶[画面共有]のアイコンクリックし、共有する対象を選択
❷チャットの相手に画面共有のリクエストが行われる。相手が[画面要求を受け入れる]をクリック
❸相手に共有画面が表示される
❹画面上部の[制御を渡す]で相手を選択
❺共同編集が可能になる。制御を渡した側からは[コントロールをキャンセル]、受け取った側からは[制御を停止]で共同編集を終了。画面共有を終了する場合は[発表を停止]をクリック
❻[ミュート解除]で通話も可能

チャネル上でのファイル管理

「チャネル」は、会話をまとめるだけでなく、チャネル毎にファイルを管理することができます。チャネルに関連するファイルは、チャネルにフォルダーを作成して保存します。

ファイルをアップロードする

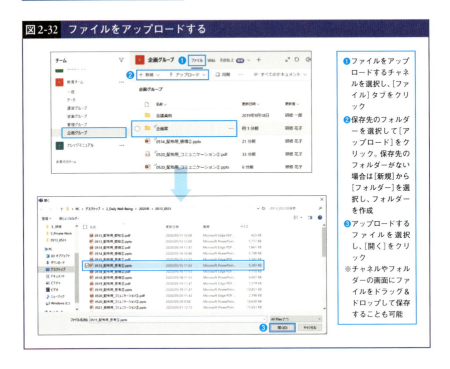

図2-32 ファイルをアップロードする

❶ ファイルをアップロードするチャネルを選択し、[ファイル]タブをクリック

❷ 保存先のフォルダーを選択して[アップロード]をクリック。保存先のフォルダーがない場合は[新規]から[フォルダー]を選択し、フォルダーを作成

❸ アップロードするファイルを選択し、[開く]をクリック

※チャネルやフォルダーの画面にファイルをドラッグ＆ドロップして保存することも可能

【Tips】フォルダーは階層構造で整理・管理

チャットに添付する方法（図2-29）でファイルを共有した場合、チャネルの「ファイル」直下にファイルが配置されます。この方法は非常に便利なのですが、長期に運用していると、「ファイル」直下に累積していくので、ファイルを探しづらくなります。

チャネルで扱うファイルが多くなる場合、フォルダーを作成し、階層構造で整理する・管理する運用ルールを検討してください。

ファイルを編集・削除する

Teamsのチャネルで保存されているファイルを編集する場合、または、削除する場合、次のような手順で行います。

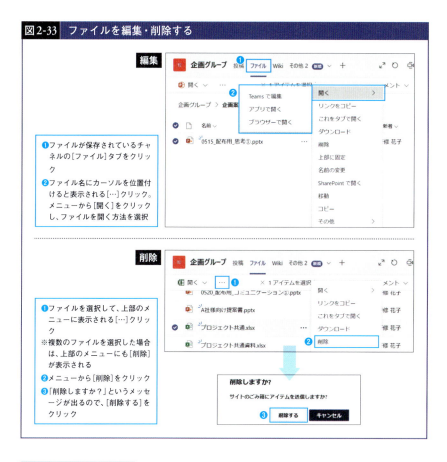

図2-33 ファイルを編集・削除する

ファイルを復元する

Teamsのチャネルで管理されているファイルは、SharePoint[※4]で保存されています。そのため、削除したファイルを復元してもとに戻す場合は、SharePointから操作を行う必要があります。

※4：SharePointは、Microsoft 365で提供される別サービスで、Webサイトやコンテンツ共有をサポートする。

図2-34 ファイルを復元する

❶復元したいファイルが保存されていたチャネルの[ファイル]タブをクリック　❷上部のメニューに表示される[…]をクリックし、[SharePointで開く]をクリック　❸Webブラウザーが起動し、SharePointの画面が表示される。サイドリンクバーをクリック　❹[ごみ箱]をクリック　❺復元したいファイルを選択し、[復元]をクリック

リンクで情報のある場所を共有

「ファイルの保存場所」や「投稿のやりとり（スレッド）」など、情報の場所を誰かに伝える場合、その場所を示すリンクを共有できれば、相手はリンクをクリックするだけで、その場所に移動することができるので便利です。

図2-35 ファイルのリンクを取得する

❶ファイルが保存されているチャネルの[ファイル]タブをクリック　❷ファイルを選択し、[リンクをコピー]をクリック　❸[コピー]をクリックし、URLをコピー。チャットやメールでリンクを相手に伝える

チーム・チャネル・スレッドのリンクを取得する

チームやチャネルのリンクも簡単に取得することができます。チーム名、チャネル名の右にある［…］をクリックし、［チームへのリンクを取得］または［チャネルへのリンクの取得］から、ファイルと同じようにリンクをコピーします。

スレッドのリンクを取得する場合は、リンクを取得したいスレッド内にカーソルを合わせ、表示された［…］をクリックし、［リンクをコピー］をクリックします。

【Tips】リンクを、相手に見やすく、分かりやすく共有する

コピーしたリンクをそのままテキストボックスに貼り付けると、アルファベットや数字の長い文字の羅列（URL）になってしまいます。以下の方法を用いると、相手に見やすく、分かりやすく共有することが可能です。

図2-36　リンクを挿入する

❶［書式］をクリック　❷［…］から［リンク］をクリック　❸「表示するテキスト」に、URLの代わりに表示したい文字列を入力。「アドレス」にコピーしたリンクを貼り付け、［挿入］をクリック

Teams内の情報をすばやく検索する

メッセージをまとめて確認する

　メールと比較すると、素早いやりとりができるのが、チャットコミュニケーションの魅力ですが、必ずしも、すぐにメッセージを確認できたり、処理できたりするわけではありません。「未読」メッセージや一次回答したメッセージを後からまとめて確認したい場合があります。

　また、「チーム」や「チャネル」を利用して情報を構造化して管理していても、情報量が増えてくると、検索が必要な場面も出てくるでしょう。ここでは、求めている情報にたどりつくための方法を紹介します。

図2-37　未読と既読

　「チャネル」に未読メッセージがある場合、チャネル名は太字（ボールド）で表示されます。また、「チャット」に未読メッセージがある場合、アプリバーの「チャット」に未読数が表示され、未読メッセージは太字（ボールド）で表示されます。

自分に関連するアクティビティを見る

自分や所属するチームを指定して投稿されたメッセージは、「アクティビティ」から一覧で確認することができます。

図2-38　自分に関連するアクティビティを見る

❶アプリバーから[アクティビティ]をクリック
❷自分宛ての投稿が一覧で表示される。「いいね」のリアクションの確認もできる。投稿をクリックすると、メインウィンドウで該当の投稿を確認可能
❸[フィード]を[マイアクティビティ]に切り替えると、自分が行ったアクションだけを表示できる
❹条件に合わせてフィルタリングしたい場合、[フィルター]をクリックする
❺[…]をクリックして、フィルターを選択

フィルターの種類

未読：「自分が未読」である情報が表示される

メンション：「自分に対してメンション」された情報が表示される

返信：「自分が返信した投稿」「自分が返信した投稿に対する返信」が表示される

応答：自分が「いいね！」を付けた投稿が表示される

> **フィードとマイアクティビティ**
>
> **フィード**：チームメンバーからの投稿やメンションなど、自分に関係するすべてのアクションが表示される（既定の設定）
>
> **マイアクティビティ**：自分が行った投稿やメンションなど、すべてのアクションが表示される（フィルターでの絞り込みは不可）

投稿をキーワードで検索する

スレッドに投稿されたメッセージを検索したい場合、検索ボックスを使ってキーワードで検索することができます。

図2-39 投稿をキーワードで検索する

❶画面上部の検索ボックスにキーワードを入力し、[Enter]キーを押下。特定のチャネルやチャットを指定して検索したい場合は、チャネルやチャットを選択した後、[Ctrl]キー＋[F]キーを押下

❷検索結果が一覧で表示される。[ユーザー]は名前に検索キーワードを含むメンバーを表示、[ファイル]は検索キーワードを含むファイルを表示。一覧から選択すると、メインウィンドウに該当のメッセージを含むスレッドが表示される

❸検索結果が多い場合は[差出人][種類][その他のフィルター]ボタンより検索結果を絞り込む

第3章

会議のキホン

「時間」と「場所」の調整から 「目的」と「効率」で選ぶ時代へ

　いつの時代も、ビジネスパーソンに必要なシゴトの1つに「会議」があります。ニューノーマル時代の「働き方」になっても、「会議」が必要なことは変わりません。変わったのは、それまで「リアル集合型」で実施されていた会議の多くを「オンライン集合型」で実施可能にしたことであり、結果として実施形態が3パターンになった点です。

ニューノーマル時代の「会議の実施形態」は3種類

参加者全員が物理的な会議室に集合する**リアル集合型**

参加者全員が仮想空間の会議に集合する**オンライン集合型**

物理的な会議室と仮想空間の両方の参加者をつなぐ**ハイブリッド集合型**

　制度的にも、環境的にも「オンライン集合型」が可能になったことで、「働く場所」が「暮らす場所」に近づき、自宅からオンライン会議に参加することが、すでに日常の一部となっている方もいると思います。

　参加者が物理的な会議室に集まる「リアル集合型」しか選択肢がなかった時代は、全員が集まれる時間と規模の「物理的な会議室」をおさえるために「会議室の予約合戦」が繰り広げられ、「時間」と「場所」の調整に時間を費やしていました。調整に時間を費やすことで、会議の開催が遅くなり、ビジネス上の決断も遅くなるという悪循環が起きていました。

　しかし、オンライン会議ツールの登場によって、状況は大きく変わっています。「オンライン集合型」や「ハイブリッド集合型」で会議を実施することが可能になり、「物理的に同じ空間に全員が集まる」ことから解放され、時間の選択肢が広がるようになったのです。このような「時間」と「空間」という視点から、コミュニケーション方法による相手との調整時間を整理したのが、図3-1です。

| 図3-1 | コミュニケーション方法による相手との調整時間の大小 |

時間と空間を合わせる	>	時間だけを合わせる	>	時間も空間も合わせない
対面	オンライン会議	電話／音声	チャット	メール

バーチャル（仮想空間）上とはいえ、「オンライン会議」も参加者が集まる「場所」を合わせる必要があることには違いありません。この点から、ダイレクトにコミュニケーションを行う「電話」よりも、調整時間はどうしても大きくなります。

しかし 2 章の図2-1で解説したように、「電話」ではどうしても伝えることのできない「顔の表情」などの情報伝達が不可欠な場面があります。これは今まで、多大な調整時間がかかる、対面のコミュニケーション（リアル集合型）でなければ不可能だと考えられていたことでした。しかし「オンライン会議」は、空間の「物理的な制約」から解放されているにもかかわらず、このようなコミュニケーションを実現することができます。つまり会議によっては、「リアル集合型」から「オンライン集合型」に移行することで、その目的をより短い時間で実現できるようになるのです。

このような状況において、**ビジネスパーソンに求められることは、「目的」と「効率」を考えた上で、会議形態を使い分けられるスキル**です。特に、「オンライン集合型」の会議を効果的に行うことは、今後ますます重要になってくるでしょう。本章では「オンライン集合型」の会議を実現する、Teams会議のキホンにあたる機能を解説していきますが、どのような「目的」で利用するのか、どのように「効率」が変わってくるのかを意識しながら、読み進めていただきたいと思います。

いつでも、どこからでも Teams会議を開く

会議には必ずアジェンダ（議事日程）を設定

Teams会議は、以下の方法で設定することができます。

- Teamsから会議を設定
- Outlookから会議を設定
- OWA（Outlook on the web）から会議を設定

アジェンダの記載がなくてもTeams会議を設定することはできますが、効率的な会議を行うためには、会議前の準備が重要です（詳細は第4章）。タイムスケジュール、参加者の役割などを明確にして、会議設定に記載しておきましょう。

図3-2 会議のアジェンダを書く

Teamsから会議を設定

まずはTeamsから会議を設定する方法を紹介します。最大300人が会議に参加でき、会議チャットでメッセージを送信することも可能です。

「必須出席者を追加」の欄に、参加メンバーの名前またはメールアドレスを入力し、検索結果よりメンバーを選択することで参加者を追加できます。

また、会議作成時にチャネルを選択すると、選択したチャネルに会議予定が投稿されます。

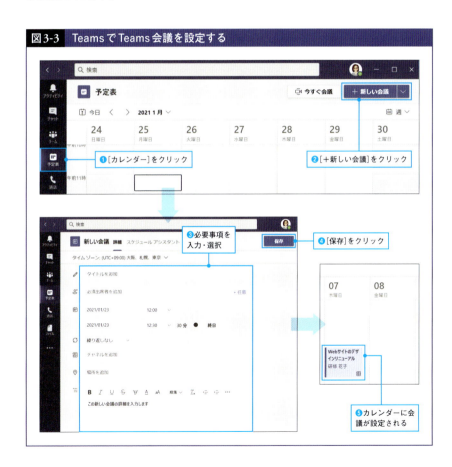

図3-3　TeamsでTeams会議を設定する

Teams会議をチャネルに追加して管理する

　情報を管理する際、情報がバラバラにならないように、情報をまとめるための仕組みが必要です。Teamsでは「チーム」や「チャネル」を使って、情報を構造的に管理することができます。

　会議設定時にチャネルを指定すると、会議をチームのチャネルに紐づけることができるので、会議を管理しやすくなります[1]。

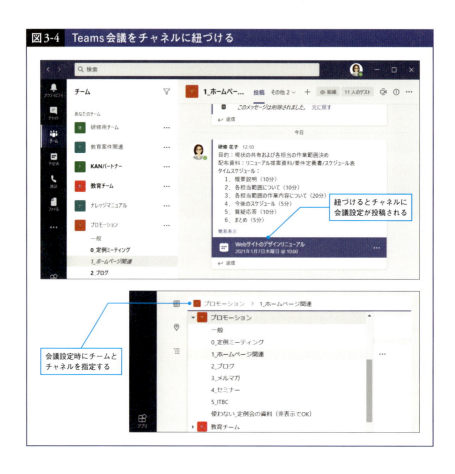

図3-4　Teams会議をチャネルに紐づける

[1]：会議作成時にチャネルを追加できるのは、Teamsから会議を作成した場合のみ（2021年4月現在）。

Teams 会議の種類

　チャネルに紐づいた会議と、チャネルを設定せずに、「今すぐ会議」や「予定された会議」で設定された会議との違いは、会議チャットで共有されたファイルの保存場所が異なります。Teamsでは、グループ通話を使って複数名で通話も可能ですが、この場合参加できる人数は20名までになります。

表3-1　Teams 会議の種類

	チャネル会議	カレンダーの今すぐ会議・予定された会議	グループ通話
参加可能人数	300人	300人	20人
会議チャットの保存先	チャネル	チャット	チャット
会議チャットで共有されたファイルの保管場所	チャネルのファイル・SharePoint Online	OneDrive for Business	OneDrive for Business
ゲストユーザーの参加	OK	OK	OK
匿名ユーザーの参加	OK	OK	NG
チームメンバー外の参加	OK ※ただしチャットが利用不可	OK	OK

会議の参加者の役割と会議のオプション

　Teams会議では、会議を主催する「主催者」の他に、会議で発表をする「発表者」、会議で発表はしない「出席者」の3種類の役割が存在します。「発表者」と「出席者」では、会議中に行える操作が異なります。

- **発表者**
  コンテンツの共有、録画の開始など、会議で行う必要がある操作がすべて可能
- **出席者**
  会議チャットへの参加、PowerPointのプライベート表示のみ操作可能
  PowerPointや画面の共有など、コンテンツの共有はできない

会議のオプション設定を変更する

　会議のオプション設定を変更したい場合は、カレンダーの会議をダブルクリックして「詳細」画面を開き、［会議のオプション］から設定を変更します。［会議のオプション］は、画面の幅が狭いときは［…］と表示されるので注意してください。

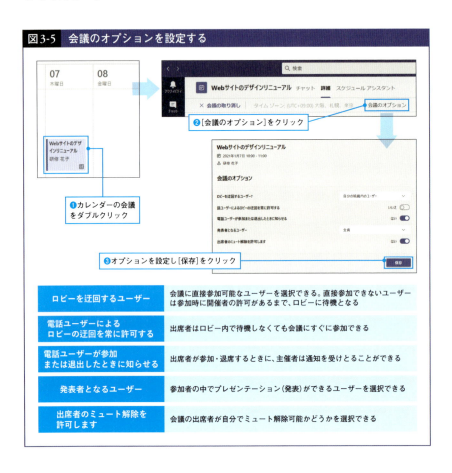

図3-5　会議のオプションを設定する

会議参加者のスケジュールを確認する

　Teams会議を設定する際、会議参加者を必須参加者や任意参加者に指定すると、参加者の予定が重複している場合は「取り込み中」、空いている場合は、「空き時間」と表示されます。

図3-6　会議参加者のスケジュール

　会議を設定する際、参加者のスケジュールを確認するために、「スケジュールアシスタント」を利用することもできます。これを使うと、必須参加者のスケジュールを見て、他にスケジュールが入っていないかどうかなどを確認しながら日程を調整することができます。

図3-7　スケジュールアシスタント

会議時間外に会議参加者とチャットする

会議が設定されると、会議開始前でも、参加者とチャットが可能です。

図3-8　会議参加者とチャット

❶カレンダーの会議を右クリック
❷［参加者とチャットする］をクリック

急な会議もすぐに開ける！

Teamsでは、事前に予定された会議だけではなく、チャットをしている途中から会議に変更するなど、必要に応じて柔軟に会議を開催できます。

以下の［ビデオ通話］と［音声通話］は、カメラが有効な状態で会議が開始されるかどうかの違いです。会議開始後に切り替えることも可能です。

図3-9　チャットから会議を開始する

相手の画面

❶［ビデオ通話］か［音声通話］をクリック
❷［ビデオ通話］か［音声通話］をクリックして会議開始

チャネルから会議を開く

チャネルの[会議]アイコンから、会議を開始することも可能です。チャネルから開始した会議はスレッドに投稿され、誰でも参加することができます。チャネルの右上に表示される[会議]アイコンをクリックすると表示されるプルダウンメニューから、[今すぐ会議]を選択します。会議を予約したい場合は、[会議をスケジュール]をクリックします。

図3-10 チャネルから会議を開始する

Teams以外から会議を設定する

Outlookから会議を設定する

Outlookから会議を設定する場合は、メニューの[新しいTeams会議]から行います。

図3-11　OutlookでTeams会議を設定する

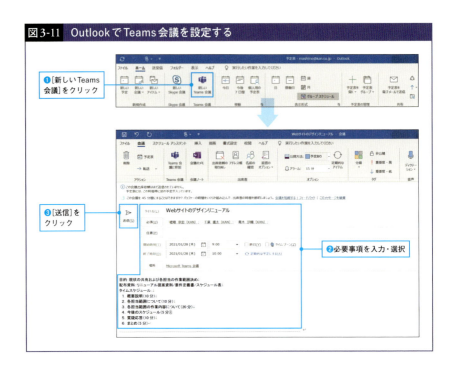

【Tips】テンプレートを利用して会議のアジェンダを設定する

　Outlookのマイテンプレート機能を利用すると、よく使う文面をテンプレートとして登録しておくことができます。この機能を利用して、アジェンダのテンプレートを作成しておくと、アジェンダ記入時間を短縮できます。

図3-12　Outlookのマイテンプレートを作成する

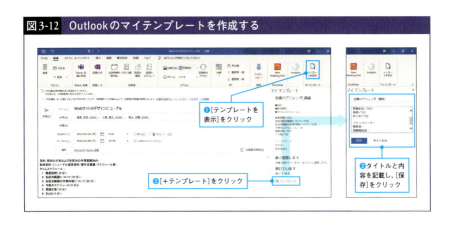

図3-13 Outlookのマイテンプレートを利用する

OWAから会議を設定する

OWA（Outlook on the web）から会議を設定したい場合は、画面左上にある［新しいイベント］から行います。

図3-14 OWAでTeams会議を設定する

「会議に参加する」から「会議を退出する」までに

👥 「必要な会議だけに参加する」をチームのルールにする

Teamsの予定された会議に参加する場合、以下の方法で会議に参加することができます。

- Teamsから会議に参加する
- Outlook ／ Outlook on the web（OWA）から会議に参加する
- Webブラウザ（Teams会議のリンクから）会議に参加する

ただしここで重要なのは、必要な会議だけに参加するということです。非効率な会議が多い組織の共通点は、参加者の役割が明確化されておらず、とりあえず、大勢の人を会議に招待する習慣が組織の暗黙のルールになっています。参加人数が多くなればなるほど、組織の沢山の時間（参加人数×時間）が費やされるだけでなく、モノゴトの決定に時間がかかります。

「参加者の役割が明記されていない会議は辞退する」「役割として他の人の方が適している場合は、適任者を紹介して辞退する」を組織のルールにすることで、組織の意思決定スピードをあげることができます。

Teamsから会議に参加する

Teamsから会議に参加する場合、会議の予定時間になると、カレンダーに［参加］ボタンが表示されるので、これをクリックして会議に参加します。

図3-15 TeamsからTeams会議に参加する

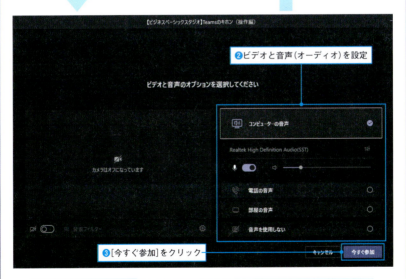

コンピューターの音声	コンピュータに接続されているマイクとスピーカーが使える
電話の音声	電話会議がセットアップされている場合に選択できる
部屋の音声	会議室にTeams Roomsが導入されている場合に選択できる
音声を使用しない	オーディオを使わないで会議に参加できる

Outlookから会議に参加する

予定表の会議を選択し、[会議]タブの[Teams会議に参加]をクリックして会議に参加できます。または参加する会議の予定を開き、本文中のリンク[Microsoft Teams会議に参加]をクリックします[※2]。

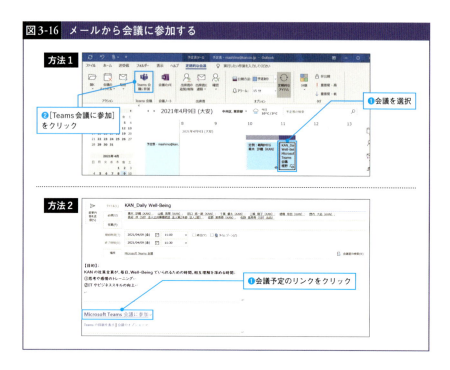

図3-16 メールから会議に参加する

【Tips】音声のノイズを抑制したい！

オンライン会議では聴覚に意識が向くので、対面の会議では気づかない音が気になります。オンライン会議中に椅子の軋む音や、小鳥のさえずりのような小さな音に、気づいた経験がある方もいるのではないでしょうか？

Teamsでは、周囲の雑音（キーボードのタイプ音、電車や車の通過音、犬の鳴き声など）を除去する機能が提供されています。Teams画面の右上に表示されている、自分のアカウントアイコンをクリックして出てくるメニューから、[設定]をクリックすることで、設定画面に移動することができます。

[※2]：会議予定のリンクを示すテキストは、会議設定時期によって異なる。
　　　[Microsoft Teams会議に参加]（2021年2月）
　　　[会議に参加するにはここをクリック]（2021年4月）

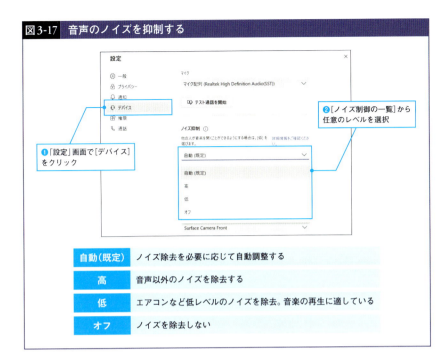

Teams会議参加者のロビー待機を設定する

図3-5で解説した、「会議のオプション」の「ロビーを迂回するユーザー」は、既定では「自分の組織内のユーザー」になっています。この場合、迂回するユーザー以外が会議に参加すると、図3-18のような通知が会議参加者に表示されます。すぐに、許可する場合は［参加許可］をクリックし、まだ、待機してもらう場合は、［ロビーを表示］をクリックします。

なお会議の主催者以外でも、会議の参加者であれば、参加を許可することができます。

図3-18 会議参加者のロビー待機

会議中にメンバーを追加する

　必要に応じて、他の参加者を後から招待することができます。過去に参加したことがあるメンバーの場合は「候補」に表示されるため、［参加をリクエスト］をクリックします。「候補」に表示されていない場合は、検索ボックスで検索します。参加をリクエストされたメンバーが呼び出しを［承諾］すると、会議に追加されます。

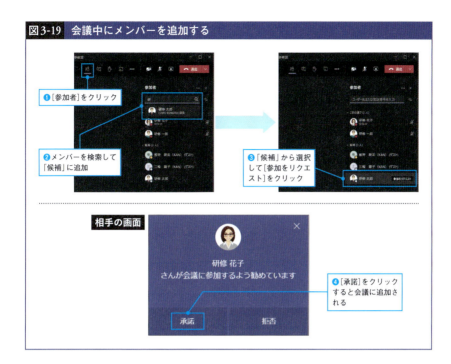

図3-19 会議中にメンバーを追加する

会議から退出する・会議を終了する

会議画面の右上にある[退出]ボタンをクリックすることで、会議から退出できます。参加者が全員退出したタイミングで会議は終了しますが、主催者が一括で会議を終了させることもできます。

図3-20 会議を終了する

会議の「視覚情報」を
カスタマイズする

オンライン会議は顔を映してオーバーリアクション

　オンライン会議でカメラをOFFにしている場合、「振る舞い」や「雰囲気」だけでなく、「顔の表情」も伝わりません。**お互いの「顔の表情」から情報を受け取れないので、情報が不足し、コミュニケーションがうまくいかない原因の１つになっている**のです。「ネットワークの帯域問題が理由で、カメラをOFFにしています」と言われる組織も多いのですが、オンライン会議の利点を活かし、コミュニケーションしやすい環境をつくるためには、ネットワーク環境を改善し、顔を出してコミュニケーションすることをおススメしています。

　ただし顔を出したとしても、「オンライン」は「対面」に比べて、状況判断がしづらくなるという点に注意が必要です。「物理的に同じ場所で、同じ時間を共有しながら、同じ資料を見る」という同時性が担保されている場合は、「この話に興味がありそう」「この部分が伝わっていないかも？」と相手の反応や温度感を確認しながら進めることができます。一方、オンラインの場合は、画面共有をしていても、相手が資料のどこを見ているか分からなかったり、資料を本当に見てくれているのかさえ判別できなかったりします。

　そこで**オンライン会議の場合は、リアル集合型よりも「大きくうなずく」「ジェスチャーをつかう」など、オーバーリアクションで相手に反応を伝える**ようにしましょう。問題の原因が分かっているのですから、その原因を「技術」と「スキル」と「ルール」を使って解決すればよいのです。

カメラやマイクのオン・オフを切り替える

　カメラやマイクの設定は、会議に参加する前だけでなく、参加した後にも設定することができます。外付けのカメラやマイクを利用することも、もちろん可能です。

図3-21　カメラやマイクのオン・オフ

背景を設定する

　自宅や外出先から会議に参加する際、背景が気になる場合は、背景をぼかすか、あらかじめ用意されたバーチャル背景を利用することができます。このとき設定した背景は、変更するまではすべての通話と会話に表示されます。背景についても、会議参加後に設定や変更が可能です。

　なお、設定画面では背景が反転しているように見えますが、問題ありません。会議の参加者の画面には、正しい向きの背景が映ります。

図3-22 背景を設定する

会議参加前

❶ 会議参加時に表示されるビデオと音声(オーディオ)の設定画面で、ビデオをオンにする
❷ [背景フィルター]をクリック
❸ 既定で用意されている背景を選択するか、[＋新規追加]で画像ファイルを追加してオリジナルの背景を選択
❹ 背景が設定された状態で、会議に参加することができる
※設定した背景は、変更するまではすべての通話と会話に表示される

会議参加後

❶ […]から[背景効果を適用する]をクリック
❷ 既定で用意されている背景を選択するか、[＋新規追加]で画像ファイルを追加してオリジナルの背景を選択
❸ [プレビュー]をクリックすると、背景が適用された状態を確認することができる
❹ [適用してビデオをオンにする]をクリック

参加者を集合モードで表示する

　Teams会議では、画面に表示される人数や見え方をビューの切り替えで変更できます。画面分割によって、「ギャラリー」ビューでは9名まで表示できます。「ラージギャラリー」ビューでは、1画面をさらに細かく分割し、多くの人を映すことができます。

「集合モード（トゥギャザーモード）」を使うと、共通のバーチャル背景を使って、参加者同士が同じ場所に座っているかのように表示することができます。視覚的に一体感をもたせ、参加者を安心させる効果があるといわれています。

図3-23　参加者を集合モードで表示する

表示されるメンバーをピン留めで固定する

　画面分割が自動に行われるので、画面に表示されるメンバーは、参加者の画面によって異なります。パネルディスカッションのパネリストや会議の発表者といった、ある特定のメンバーを常に大きく表示させておきたい場合は、「ピン留め」の機能を利用します。

　また、物理的な会議室とオンライン参加が混在するハイブリッドな会議の場合、会議室の様子が分かるように、物理的な会議室を映しているカメラ画像を「ピン留め」しておきたいというケースもあるかもしれません。

　なお設定した「ピン留め」は、自動的には解除されないので、必要がなくなったら手動で解除する必要があります。

図3-24　メンバーをピン留めする・ピンを外す

❶「参加者」からユーザーを選び、［…］の［ピン留めする］をクリック。または、ピン留めしたいメンバーの上で右クリックし、［ピン留めする］をクリック

❷ピン留めをしているメンバーには、ピンのアイコンが表示される
※ピン留めは画面に収まる限り、何人でも行うことが可能

❸解除する場合は、該当のメンバーの上で右クリックし、［ピンを外す］をクリック

全員の画面をスポットライトされたメンバーで固定する

　Teams会議では、特定の発表者に「スポットライト」を設定できます。これが設定されると、設定された人のカメラ画像が大きく表示されます。

　同じような機能として「ピン留め」がありますが、「スポットライト」は設定されると参加者全員の画面に大きく表示されるという点が異なります。参加者がそれぞれ個別に設定することなく、全員が同じ画面を見ることができるという点で便利です。

　「スポットライト」も自動的には解除されないので、必要がなくなったら手動で解除する必要があります。また、開催者が自身にスポットライトをあてたい場合は、[自分にスポットライトを設定する]から行います。

図3-25 メンバーにスポットライトを設定する・設定を解除する

❶[参加者]からユーザーを選び、[…]の[スポットライトを設定する]をクリック。または、スポットライトを設定したいメンバーの上で右クリックし、[スポットライトを設定する]をクリック

❷スポットライトを設定しているメンバーには、スポットライトのアイコンが表示される

❸解除する場合は、該当のメンバーの上で右クリックし、[スポットライトの設定を解除する]をクリック

会議中の「チャット」と「手を挙げる」でリアクション

話し手を遮ることのないスムーズな反応

オンライン会議の場合、タイミングよく会話に入って質問することが難しいと感じることがあります。このような場合、**チャットを利用することで、話し手の言葉を遮ることなく、自分の意見や質問を書く**ことができます。

会議内のスレッドに投稿すれば、参加者同士が会話をしたり、意見交換をしたりも可能です。このスレッドのやりとり（投稿）は、参加者全員が見ることができます。

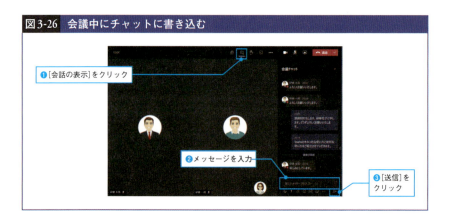

図3-26　会議中にチャットに書き込む

会議中に特定の人と個別にチャットする

会議中に一部の参加者と個別にチャットをしたり、会議参加者以外とチャットをしたい場合、会議画面ではなく、Teamsの画面でチャットを行うことになります。アプリバーの［チャット］をクリックして、チャットを開始します。

【Tips】チャットをポップアップウィンドウ（別ウィンドウ）で表示する

　会議全体の画面と個別チャットの画面を並べて表示することで、画面の切り替え作業がなくなるので、業務効率をあげることができます。チャットを別ウィンドウ表示するには、図3-28の2つの方法があります。

図3-27　別ウィンドウ表示で効率アップ！

図3-28　チャットを別ウィンドウ表示する

❶ Teamsのアプリバーの［チャット］をクリック（※会議画面ではなく、Teams画面になる）
❷ 別ウィンドウで表示したいチャットの［…］から、［チャットをポップアップ表示する］をクリック。または、チャット画面の右上に表示されるアイコンをクリック

会議中に手を挙げる

チャットの代わりに手挙げ機能を使って、発言したいことを伝えることもできます。賛成などの意見を募りたいときにも便利です。なお、[…] から他のメンバーの手を下ろすこともできます。

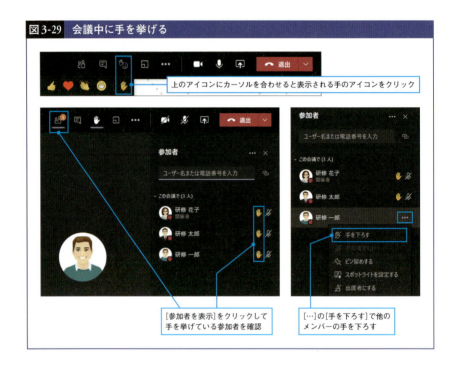

図3-29 会議中に手を挙げる

【Tips】手挙げ機能で参加者全員が発言したことを「見える化」

会議で全員に発言してもらいたい場合、人数が多いと、誰が発言して、誰が発言していないかを判断することが難しい場合があります。

このような場合、最初に参加者全員に手挙げ機能の手を挙げた状態にしてもらいます。発言が終わったら、手を下げる運用ルールにすることで、全体の発言状況を「見える化」することができます。

最初の1名を指名し、発言が終わったら次の人を指名するといったやり方を併用することで、全員の意見を速やかに、場に共有することが可能です。

「画面の共有」を使いこなして伝わる会議を実現

画面共有のメリットとその方法

オンライン会議になれていないと、資料があるにも関わらず、それを共有せずに話をしてしまいがちです。聴覚だけで情報を判断しようとすると、判断に時間がかかったり、誤解が生じたりします。資料や操作を説明する際、相手が情報を理解しやすくなるので、画面を共有しながら説明しましょう。

表3-2　画面共有の種類の違い

	デスクトップ	ウィンドウ	PowerPoint	ホワイトボード
対象	PCのデスクトップすべて	特定のウィンドウ	特定のPowerPoint	Microsoft Whiteboard
メリット	複数のファイルや画面を表示切替しやすい	特定のウィンドウのみを表示できる	必要なPowerPointのみを表示できる	生み出す(Creative)型会議でのアイディア出しに向いている
注意点	機密情報、他の顧客情報など予期せぬ画面を表示してしまうことがある	選択するウィンドウを間違える	選択するPowerPointを間違える	(特に社外との利用時)相手が使用可能か確認操作に慣れが必要

会議の参加者の役割を変更する

Teams会議の「主催者」を除く参加者は、「発表者」と「出席者」のいずれかの役割になります。画面の共有を行うことができるのは「発表者」だけという点に注意してください。会議の主催者は会議中に参加者の役割を「発表者」と「出席者」に変更できます。

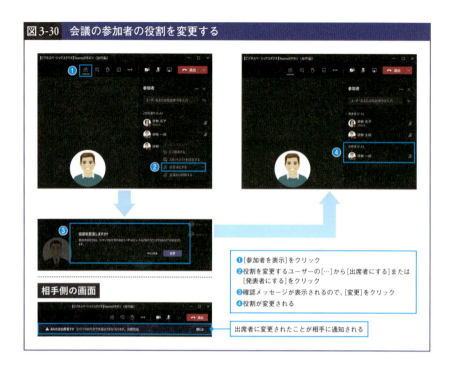

画面を共有する

画面の共有は［コンテンツを共有］から行います。［デスクトップ］や［ウィンドウ］など、選択した対象によって相手側の画面に表示される内容が異なります。

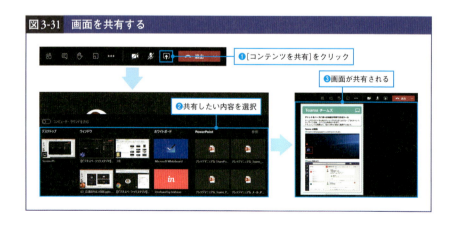

【Tips】PowerPointのプレゼンテーションモードを利用する

　画面共有でPowerPointを選択すると全画面表示され、会議参加者の顔やチャットが見えなくなって困ったことはありませんか？　これは、PowerPointの既定の設定がフルスクリーン表示になっているからです。共有するPowerPointのモードを変更しておくことで、この問題を回避できます。

図3-32　PowerPointのプレゼンテーションモードの利用

ホワイトボードを利用する

　物理的な会議室でホワイトボードを活用したように、Teams会議でも会議中にホワイトボードを共有し、参会者同士で書き込むことができます。

図3-33　ホワイトボードを利用する

共有画面を相手に操作してもらう・制御を要求する

　Teamsでは、自分の画面の制御権を渡して、相手に操作してもらうことができます。分担してプレゼンテーションするとき、相手の番になったら制御を渡して、相手のペースでスライド送りをしてもらうような場合に便利です。

図3-34　共有した画面を相手に操作してもらう

① 共有ツールバーから[制御を渡す]をクリックして相手を選択
② 制御が渡ると画面の中に相手のマウスポインターが表示される
③ [コントロールをキャンセル]で相手の制御を終了
④ 受け取った側からは[制御を停止]で制御を返すことができる

　他の人が画面を共有しているときに、制御を要求することもできます。

図3-35　共有された画面の制御を要求する

① 会議コントロールの[制御を要求]をクリック
② 要求を受けたユーザーは共有ツールバーから、[許可]もしくは[拒否]をクリック
③ 制御を返すときには、会議コントロールから[制御を停止]をクリック

次のアクションにつなげる 「会議の記録」

会議で記録に残しておくべきこと

あなたの組織は、議事録の方法や議事録で使うアプリケーションが決まっていますか？　多様なアプリケーションがありますから、同じ部門に所属している方々でも全員が同じものを利用しているとは限りません。

最近はTeams会議で簡単に録画ができるので、会議によっては、議事録は省略するというケースもあります。また会議ごとに共同編集可能な、[会議のメモ]も用意されています。効率よく議事録を作成できるので、OneNoteと連携（詳細は第6章）して議事録をとるケースも増えてきました。

ただしどのような形であれ、以下を明確に記録しておく必要があります。

①決まったこと・決まらなかったこと
②次にやること（Next Action）

また、会議の終了と同時に記録を共有できるようにしましょう。Teamsの「会議のメモ」やOneNoteを利用することで、議事録のファイルを送信する手間を省くことができます。**よい会議とは、会議が終わったその瞬間から、関係者が次の行動ができる状態になっている会議**です。

会議を録画する

欠席した会議であっても録画した映像があれば、議事録だけでは分かりづらい「会議の詳細」や「モノゴトが決まるまでの経緯」を把握できます。発言者の表情や声色、共有された画面なども再現できるでしょう。録画を併用することで、議事録は必要最小限にするという方法をとることも可能です。

第3章
会議のキホン

107

図3-36 会議を録画する・録画を停止する

録画の開始

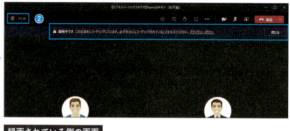

❶ [⋯]をクリックし、[レコーディングを開始]をクリック
❷ メッセージが会議の参加者に表示され、録画が開始される

録画の停止

❶ [⋯]をクリックし、[レコーディングを停止]をクリック
❷ 確認メッセージが表示されるので、[レコーディングを停止]をクリック
❸ メッセージが表示され、録画が保存される
❹ 会議終了後、参加した会議グループ内で録画データをストリーミング再生できる

会議中のメモを作成する

　Teams会議では、会議ごとに「会議のメモ」が用意されているので、これを利用して会議画面内でメモを取ることができます。作成したメモは、会議に参加したメンバーに共有できます。

　メモ作成前に会議に招待されたメンバーのみが使用でき、ほかのユーザーはアクセス権を要求できます。

図3-37　会議のメモを利用する

❶ […]をクリックし、[会議のメモ]をクリック
※Webアプリの場合は、[会議のメモを表示する]をクリック
❷「会議のメモを取りましょう！」の画面が表示されるので、[メモを取る]をクリック
❸ [会議のメモ]タブページが表示される
※Webアプリの場合は、画面右側に「会議のメモ」領域が表示される

【Tips】会議のメモを構造化する

「会議のメモ」は、会議参加者で1つのメモを共有しています。1つのセクションにすべてを記載するのではなく、会議の項目ごとにセクションを分けておけば、後からセクションの並べ替えも可能です。セクションを利用して、情報が分かりやすい構造になるようにしましょう。

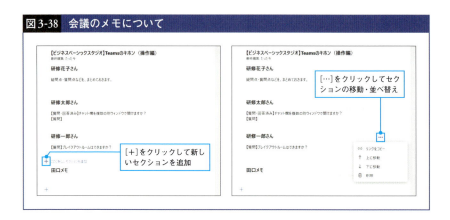

図3-38 会議のメモについて

- 最大100名の会議で使用可能
- 会議の主催者と同じ組織内のユーザーのみがメモを開始したり、会議後に確認したりできる
- メモを確認するには、会議の［会議のメモ］タブをクリック
- メモ作成前に会議に招待されたメンバーのみが使用でき、ほかのユーザーはアクセス権を要求できる
- ゲストメンバーは使用できない

ブレークアウトルームで
グループディスカッションを実現

ブレークアウトルームとは、会議の参加者を小さいグループに分けて、グループディスカッションできるように、別々のルーム（セッション）に分割する機能です。会議の主催者は、会議画面からブレークアウトルームを作成し、参加者を別々のルームへ自動または手動で割り当てることができます。

図3-39　ブレークアウトルームを設定する

❶会議開始後、画面右上の[ブレークアウトルーム]アイコンをクリック
❷会議室の数を選択（最大50ルーム）
❸参加者の割り当て方法を選択。手動を選んだ場合は、主催者が任意で参加者を各ルームに割り当てる
❹[会議室を作成]をクリック
❺設定を変更したい場合は[…]から[会議の設定]、会議室の数や割り当て方法を変更したい場合は[会議室を再作成]をクリック
・空いている会議室にユーザーを自動的に移動する：オンにすると参加者は自動的に会議室に参加したり、戻ったりできる
・参加者がメインの会議室に戻ることができるようにする：オンにすると参加者の画面に、メイン会議室に[戻る]ボタンが表示される
❻[会議室の開始]をクリックして、ブレークアウトルームを開始する

主催者ができること
- 最大50室のブレークアウトルームを作成できる
- ブレークアウトルームを管理し、作成したルームを自由に行き来ができる
- 参加者を任意に割り当てることができる（自動で割り当てることも可能）
- 各ルームのチャットにアナウンスを送信することができる

参加者ができること
- プレゼンやホワイトボードの共有など、会議に必要な機能を利用できる
- メインルームとブレークアウトルームの行き来ができる（主催者による設定が必要）
- デスクトップアプリ、Web、モバイルから参加できる（複数のデバイスから同時にログインした場合は同じルームに参加する）

アナウンスを送信する・詳細設定を行う

　主催者はブレークアウトルームの最中、各ルームのチャットにアナウンスを送信することができます。また、主催者側には、ブレークアウトルームの設定画面が常に表示され、詳細を設定することが可能です。

図3-40　アナウンスを送信する・詳細設定を行う

第4章

オンラインコミュニケーションを円滑にするコツ

オンラインコミュニケーションに必要な「スキル」とは？

「テクニック」だけで問題は解決しない？

「文字入力が速すぎて焦ってしまうから、もう少し、ゆっくり入力して。」

　これは数年前、母とチャットをしていた際、母から私に向けられた言葉です。説明するまでもなく、私の入力スピードが、相手（母）に心理的な負荷をかけてしまったというNG例です。「テクニック」として速く入力できても、「スキル」として適切な判断ができていなかったことになります。

　「テクニック」と「スキル」は同義で扱われたり、さまざまな言葉で定義されたりしますが、本書では、「テクニック」と「スキル」を以下のように定義します。

テクニック：技術（訓練を通じて身につけた知識や動作）
スキル　　：技能（訓練や経験を通じて身につけた能力で、状況に応じて、最適な判断（意思決定）に基づいて行われる言動）

　ところで、「スピードの差に気づかない」「気づくけれど、プレッシャーに感じない」ヒトが相手だった場合は、どうでしょうか？　NG例となるでしょうか？　また、早く入力できる「テクニック」を持ち合わせたヒト同士の場合は、どうでしょうか？　相手の状況に合わせて調整する「スキル」が必要であると意識することさえないかもしれません。

　入力スピードの差が理由で、心地よいチャットコミュニケーションができないと感じた場合、どのような対応策が考えられるでしょうか？　考えられる対応策を考えてから、次のページに進んでください。

> 方法①：チャットから音声通話に切り替える
> 方法②：入力スピードの速い方が、相手の入力スピードに合わせる
> 方法③：EQ（感情知性）を発揮して、感情をマネジメントする
> 方法④：入力スピードの遅い方が、入力スピードをあげる
> 方法⑤：その他

　方法①は、Teamsのチャットから音声通話やビデオ通話に切り替えられる「テクニック」を知っていれば、すぐに使うことができます。ただし、声が出せない状況の場合、この方法を利用することはできません。

　方法②は、入力スピードの速い方が相手の速度に合わせればいいので、すぐに使える「テクニック」です。しかし、「（速い方が）相手の速度に合わせることが、心地よくない」「（遅い方が）スピードを合わせてもらうことは、申し訳ない」と感じるような関係性や状況の場合、対応策にするのは難しいかもしれません。

　方法③の**EQ**（感情知性）[※1]が「スキル」として身についていれば、すぐに使うことができ、不快な感情を軽減できます。同じ状況であっても、「感じ方」はヒトによって異なります。**伝える「目的」を考え、感情的に伝えるのではなく、感情を伝えること**は、EQ（感情知性）のスキルです。チャットコミュニケーションのスピードを活かすという意味では、利点を活かしきれていませんが、自分の状況と相手への要望を明確に伝えることで、心地よいコミュニケーションに変えることにはつながっています。

　方法④は、根本的な解決になりますが、速く入力できるようになるためには、練習が必要なので、すぐに使える対応策にはなりません。

　方法⑤は、上記以外、「電話に切り替える」「メールに切り替える」「直接会いに行く」など、いろいろなコミュニケーション手段があると思います。

　心地よくシゴトをする習慣を身につけるには、心地よい方法を考えることからです。そして、状況に合わせて最適な方法を選択するために、「テクニック」と「スキル」の両方を身につけることが重要です。

※1：感情知性（EI：Emotional Intelligence）（EQ：Emotional Intelligence Quotient）。学術的にはEIと表現し、一般的にはIQとの対比でEQが使われることが多い。

👥 「テクニック」と「スキル」の違いを意識する

　コミュニケーションに限らず、**「テクニック」と「スキル」の両方が身についていないと、最適な方法を選択することはできません。**「テクニック」と「スキル」を磨くためには、その違いを知ることは重要です。本書では、「テクニック」と「スキル」の違いについて、元ラグビー日本代表ヘッドコーチだったエディー・ジョーンズ氏の言葉をお借りしたいと思います[2]。

（質問）子供へのコーチングで最も重要なことは？　指導のポイントは何でしょうか？

（回答）私は子供たちをコーチングしたことがないのですが、ラグビーで一番重要なのはスキルです。スキルとテクニックの違いを知ることも大切です。日本のコーチはテクニックばかりを教えます。キャッチパスをとっても、どういうパスをどんなタイミングで出すかを教えるのがスキルです。子供たちに教えるときは、状況判断とセットにする必要があります。

　この質問と回答には、いくつかのことが示唆されています。

　1つ目は、**ヒトが何かをできるようになるためには、「テクニック」と「スキル」の両方が必要であり、その本質は変わらない**ということです。

　2つ目は、**アンコンシャスバイアス（無意識バイアス）によって前提が変わる**ということです。アンコンシャスバイアスとは、自分自身が気づいていない、モノの見方や捉え方のゆがみ・偏りのことです。質問者がそうであったかは定かではありませんが、年齢というアンコンシャスバイアスがあると、無意識に「大人と子供では違いがある」前提で考え、上記のような「問い」になりやすくなります。すべての人にあるこの「無意識」を、「意識」に変えていくことが大切です。

　3つ目は、**スキルを使うときには、状況判断が伴う**ということです。状況判断が難しいのは、さまざまな条件を考慮し、タイミングを合わせて、最適な選択をする必要があるからです。1つの選択肢しかない場合でも、その選択肢を選ぶか否かという判断が必要です。

※2：公益財団法人日本ラグビーフットボール協会HP「第41回みなとスポーツフォーラム」レポート（2014年4月）より引用。https://www.rugby-japan.jp/2014/04/18/id25271/

状況判断をする場合、状況が見えなければ、判断が困難になります。状況が見えなければ、「言葉」で、状況を伝えればいいのです。冒頭の例でいうと、「焦っている」という状況を「言葉」で伝えてくれたので、状況に気づくことができました。もし、「言葉」で伝えてくれなければ、状況に気づけず、次回以降も、相手にとって負荷がかかるやり方をしていたことになります。

分かりやすい「違い」で「本質」を見失わない

　2章「チャットのキホン」、3章「会議のキホン」でも部分的に触れてきましたが、オンラインコミュニケーションを円滑に進めるには、「オンライン」と「対面」の違いを意識してコミュニケーションする必要があります。

　ただし、「違い」を意識することは必要ですが、分かりやすい「違い」に意識が向きすぎると、問題の本質を見誤ってしまうことがあるので注意が必要です。問題が発生すると、ヒトは原因を探すために、今までとの「違い」を見つけようとします。そして、分かりやすい「違い」を見つけると、その分かりやすい「違い」が原因であると考え、この「違い」だけ理解できれば、解決すると考えます。ところが、原因の本質が別のところにある場合、いつまでたっても問題は解決しません。

　「オンラインになったらできない」が増えている原因は、「オンライン」と「対面」の分かりやすい「違い」だけではなく、むしろそれによって問題の本質が隠されてしまっているという点にもあります。形だけの1on1やコミュニケーション研修を導入しても問題が解決しないのは、コミュニケーション問題の本質が置き去りになっているからです。

　オンラインコミュニケーションを円滑にするためには、「オンライン」と「対面」の違いを意識するだけでなく、ベースとなるコミュニケーションスキルを磨く必要があるのです。

自分のスキルの「現在地」を理解する

　問題の本質が隠されないように、問題の本質を整理する際に使っているのが、「気づきの3段階」と名付けた図です。

　自分で気づいていない問題は、「誰か」や「何か」によって気づかされなければ、当然のことながら、ずっと、そのままの状態です。

　気づいていない問題が「テクニック」に関係する場合、フェーズを①→②、②→③にすること（気づいている状態にすること）は、比較的簡単です。冒頭の「入力スピード」で考えると、「1分間に●文字入力できる」と数値で表せるので、自分のスキルの「現在地」と「目標」の差を客観的な数値で知ることができます。

　一方で、気づいていない問題が「スキル」に関係する場合、これは途端に難しくなります。たとえば、あなたのコミュニケーションスキルについて、自分のスキルの「現在地」と「目標」の差を客観的な指標で示すことができるでしょうか？

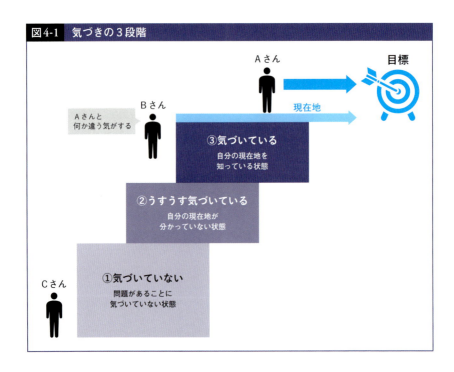

図4-1　気づきの3段階

コミュニケーションスキルの評価は、「サービス」に対する評価と同様で、提供側がいくらよい「コミュニケーション」を提供していると考えても、受けとる側がよい「コミュニケーション」であると感じなければ、評価されません。相手が変われば、相手の受け取り方しだいで評価が変わるので、単純に数値化することは困難です。だからこそ、自分のスキルの「現在地」が分かりづらいのです。

コミュニケーションスキルは長く使えるスキル

一般的な「サービス」の場合、直接的な対価が支払われますが、コミュニケーションスキルに対しては、一部の職業を除くと、直接的な対価が支払われません。そのため、コミュニケーションスキルは、大切であると分かっていても、スキルの修得を後回しにしがちなのです。

しかし図4-2を見てください。これは1955年、米国のハーバード大学の経営学者ロバート・L・カッツ氏によって提唱された**カッツ理論**（カッツモデル）です。この理論は、マネージャーに必要とされるスキルを「テクニカル・スキル（業務遂行能力）」「ヒューマン・スキル（対人関係能力）」「コンセプチュアル・スキル（概念化能力）」の3つに分類し、マネジメントレベルによって必要とされる割合がどのように変化するかを定義したもので、現在でも組織開発や人材開発で活用されている考え方です。

ヒューマン・スキル（対人関係能力）は、他の2つのスキルと異なり、マ

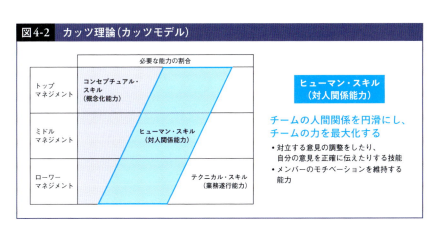

図4-2　カッツ理論（カッツモデル）

ネジメントレベルに関係なく、必要とされる分量が普遍なスキルです。言い変えると、早くスキルを身につければつけるほど、長い間、使い続けられるスキルであると言えます。ヒューマン・スキルはチームの人間関係を円滑にし、チームの力を最大化するためのスキルであり、その中心にあるのがコミュニケーションスキルなのです。

コミュニケーションスキルを複合的に磨いていく

1997年から経団連がおこなっている「新卒採用に関するアンケート調査結果」[※3]によると、企業が採用の際に求めるスキルは、「コミュニケーション能力」が第1位（2004年以降、16年連続）です。また、世界的にみても、世界経済フォーラム（通称ダボス会議）で定期的に発表される「○○年までにビジネスパーソンに必要とされるスキル」に、コミュニケーションに関連するスキルが多く入っていることが分かります。

表4-1　ビジネスパーソンに必要なスキルの変遷

	2015年	2020年	2025年
1位	複雑な問題の解決	複雑な問題の解決	分析思考とイノベーション
2位	他者との調整力	クリティカルシンキング	アクティブラーニングとラーニング戦略
3位	人材の管理	創造力	複雑な問題の解決
4位	クリティカルシンキング	人材の管理	クリティカルシンキングと分析
5位	交渉力	他者との調整力	創造力と独創性とイニシアチブ
6位	品質管理	感情知性・EQ	リーダーシップと社会的影響力
7位	サービス指向	判断力・決断力	テクノロジーの利用・監視・制御
8位	判断力・決断力	サービス指向	テクノロジーの設計とプログラミング
9位	傾聴力	交渉力	レジリエンス・ストレス耐性・柔軟性
10位	創造力	認知の柔軟性	推論・問題解決・発想
11位			感情知性・EQ
12位			トラブルシューティングとユーザー経験
13位			サービス指向
14位			システム分析と評価
15位			説得力と交渉力

紫：コミュニケーションスキル
緑：人間科学
青：思考
赤：感情
橙：創造
※色の分類は、筆者による分類
※2020年10月のレポートより15位まで発表

※3：https://www.keidanren.or.jp/policy/2018/110.pdf

ここまで、コミュニケーションスキルの重要性を説明してきました。しかし後回しにせずスキルを修得したいと思っても、「どのように、どういう順番で学ぶのか？」というのは、なかなか難しいものです。ひと口にコミュニケーションスキルと言っても、コミュニケーションスキルには、「聴く力」「伝える力」「交渉する力」など、さまざまな能力（スキル）が必要です。

　また、コミュニケーションスキルは、あなたが選択した「言葉」や構成した「文章」のように可視化しやすいスキルと、「EQ（感情知性）」「思考力」「分析力」のように可視化しづらいスキルが複合的に関わり合っているので、その関係性を理解しながらスキルを磨いていく必要もあります。

　図4-3は、コミュニケーションに必要な主なスキルを表したものです[※4]。本章では、このようなスキルの修得が重要であることを踏まえながら、一歩踏み込んだオンラインコミュニケーションのポイントを説明していきます。

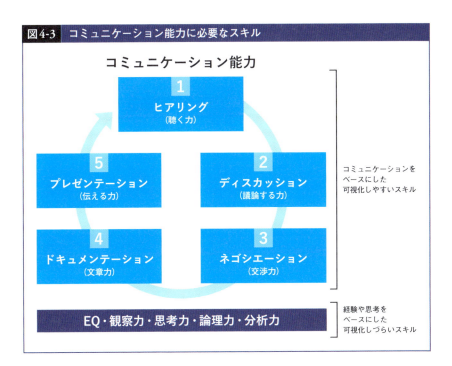

図4-3　コミュニケーション能力に必要なスキル

※4：コミュニケーションスキルを身につけるためには、さまざまなスキルが必要であること意図した図であり、掲載したスキルですべてを網羅しているということではない。

メールとチャット
それぞれの課題と解決方法

テキストコミュニケーションの課題

テキストコミュニケーションとは、「メール」や「チャット」を使って、テキスト（文字）ベースで伝達、意思疎通を行う手法のことです。ハイブリットな「働き方」になって、チャットが増えるにつれ、「テキストだとうまく伝わらない」「音声コミュニケーションと比べると、相手と距離を感じる」「書かれたことが厳しく感じる」など、テキストコミュニケーションに悩むヒトが増えています。

もし、あなたが同じような悩みをお持ちの場合、整理してほしいことがあります。それは「メール」と「チャット」に共通する悩みですか？　それとも、「メール」または「チャット」のどちらかの悩みですか？

テキストコミュニケーションといっても、「メール」と「チャット」の特性は異なります。テキストコミュニケーション共通の課題もありますが、ツールの特性によって生じやすい課題もあります。

メールの課題　～組織に潜む非効率メール～

「ビジネスメール実態調査2019」[5]の調査結果では、仕事で使っている主なコミュニケーション手段の第1位は「メール」で、97.46％になります。

メールを1通作成するのにかかる平均時間は5分27秒で、7割を超える人が1通あたり5分以内で作成という結果がでている一方で、1通作成するのに10分以上かかっている人が18.67％います。

また、7割（75.54％）を超える人が「1日（24時間）以内」に返信がこないと遅いと感じるという結果が出ています。

※5：https://businessmail.or.jp/research/2019-result/

図4-4　メールからチャットコミュニケーションへ

メール

- 仕事で使っている主なコミュニケーション手段の
  第1位は「メール」…97.46％
- メールを1通作成するのにかかる平均時間は5分27秒

(ビジネスメール実態調査2019)

チャット

チャットのメリット
- 相手の反応を見ながら会話を進めることができる
- メッセージの確認スピードがメールの3〜5倍
- メールと違って過剰にかしこまった言い回しをする必要がない

リアルタイム性	答える側がタイミングを調整できる
・相手がオンラインであれば「あ、今連絡できる！」とすぐに判断ができる ・すぐに問題解決ができ、生産性を高めてくれる	・オンライン時にタイミングが合えば、すぐに返すこともできるし、その後に返すこともできる

　チャットでのコミュニケーションが増えつつありますが、ビジネスの場、特に社外とのやり取りにおいては、圧倒的にメールが多く使われています。これは、**「メールに費やす時間」を削減できれば、業務効率をあげることができる**ことを意味しています。

　ところが、メールを作成する過程は可視化されづらく、実際に費やしている時間も把握されづらいのが特徴です。そのため、シゴトの生産性を落としている原因の1つが、メールの書き方や使い方にある（例：メールの内容が不十分で、内容確認のメールが何往復も行われる場合）としても、そのことに気づいていないケースが見受けられます。

　特に、メールの書き方に原因がある場合、コミュニケーション研修でメールのレビューをすると、「これまで、長文で冗長なメールを書いていたことに気づいていなかった」「内容確認のメールが何往復も発生するのは、相手の理解力不足だと思っていたけれど、自分が曖昧なメールを書いていた」といった感想が寄せられます。

つまり、組織やチームのシゴトに時間がかっている場合、メール処理に起因している可能性があるので、メールの使い方やメールの作成時間を確認し、見直す必要があるということです。

　また、**組織やチームで、コミュニケーションツールの使い分けルールを決め、明文化して周知しておく**ことも重要です（例：社内はチャット、社外はメール）。

チャットの課題　～無意識バイアスと感情の衝突～

　チャットは、気軽に相手に話しかけることができるという利点がある一方で、「メッセージを読んだらすぐに回答すべきである」という価値観を相手に押しつけがちになります。

　話しかける方が気軽に話しかけることができても、相手がすぐに応答できる状況とは限りません。Teams のステータスメッセージやプレゼンスから判断できない緊急事態が発生しているかもしれません。

　ある組織の事例を紹介します。「リーダーにチャットしても、その日中に回答をくれないことが多く、不満を感じています」という意見がありました。そこで、「いつまでに回答が欲しいと書いていますか？」と質問すると、「書いていません。だって、チャットだから……」とのこと。後日、リーダーにメンバーの意見を伝えたところ「その日中に回答しないことを不満に思われているとは、思いもしなかったです」と回答が返ってきました。

　これがまさに、「チャットだから回答はその日中」という無意識バイアスが引き起こした問題です。メールでは返信希望日時を書くことが習慣化されていた組織であっても、「チャットだから早く回答がくるはず」「チャットだからその日中に返事があるはず」といった、「すぐに回答すべきである」という無意識バイアスによって、心地よくない状況が発生していた例になります。

　これを受けて、この組織では、次のようにルール化をしました。

> ルール①：依頼する側は、チャットであっても、返信希望日時を書く
> ルール②：依頼された側は、希望日時で返せるのであれば、「いいね！」
> を押す。希望日時に返せないのであれば、その旨を返信する
> ルール③：希望日時が書かれていない場合、依頼された側が確認をする

　大事なことは、**一緒にシゴトをするチームメンバーが、心地よくシゴトができるように、全員が守れるルールを共通ルールとして認識する**ことです。

「既読スルー」という言葉も生まれていますが、この状態についても、感情的に受け取らないようにしてください。チャットコミュニケーションでは、差し迫った判断が必要な場面以外で、「すぐに回答すべきである」という価値観を押し付けないようにすることが重要です。

　このような価値観が蔓延すると、チャットツールの魅力を大幅に損なうことになります。緊急性が高く、すぐに連絡が欲しい場合は、まずはチャットで、「今、電話できる？　OKかNGを教えて！　○○の件」と状況を相手に伝えるようにしましょう。

　その他にも、チャットのよくある課題には、以下のようなものがあります。

> ● 会話が次々と流れてしまう
> ● ナレッジやデータが整理できない
> ● 関係のない通知がたくさん飛んでくる
> ● 会話を振り返るときに探すのが面倒

　2章で説明したように、Teamsは「チーム」と「チャット」で情報を構造化できます。本節ではチャットをさらに使いやすくするために、未読メッセージの取り扱いや「通知」の表示をカスタマイズする方法を紹介します。

Teamsチャットの「未読」と「既読」をつかいこなす

相手がメッセージを開封したかどうかを確認する

1対1のチャットやグループチャットで、相手が自分のメッセージを開いたかどうかを知りたい場合、メッセージの横に表示される◎（送信済み）が、👁（全員既読）に変わっているかどうかで確認できます。

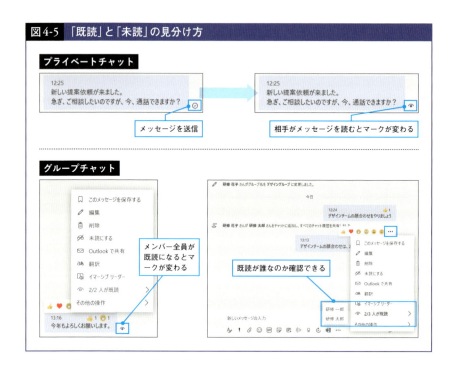

図4-5 「既読」と「未読」の見分け方

【注意】既読確認

Teamsの既定では、「既読確認」がオンになっています。はじめてTeamsを使う際に、図4-6が表示されます。しかし、相手が「既読確認」をオフに設定していた場合、「既読確認」ができなくなります。グループチャットの場合、人数が20人以下で、グループ全員が「既読確認」がオンになっていることが条件です。すべてのユーザーが自分のメッセージを開封したときに、👁（全員既読）になります。

プライバシーを保護する観点から、既読確認をオフにすることも可能ですが、オフにすると、グループ全体の既読状況が分からなくなるといったデメリットがあります。チームが混乱しないように、チームの運用方針・運用ルールを決めてからオフにするかどうかを決めてください。設定を変更する場合、アカウントアイコンをクリックし、［設定］の［プライバシー］で変更することができます）。

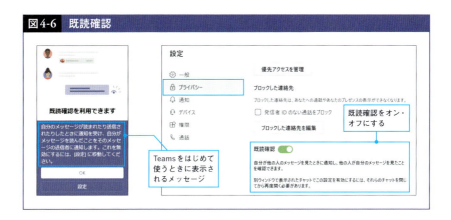

図4-6　既読確認

自分が未読のメッセージをまとめて確認する

　バナー通知（デスクトップ画面右下に表示される通知）が表示されても、すぐにメッセージを読んで対応できるとは限りません。「チャネル」の投稿については、2章で紹介した［アクティビティ］のフィードのフィルターを使って、未読メッセージを確認することができますが、1対1のチャットとグループチャットの未読メッセージをまとめて表示する場合は、［チャット］のフィルターを利用します。

図4-7 チャットの未読メッセージをまとめて確認する

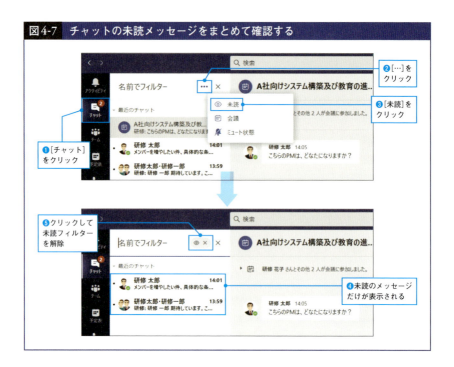

メッセージの既読を未読に変更する

　メッセージを開くと既読になるため、後で対応したいメッセージを見分けづらくなり、シゴトが抜けもれてしまうリスクがあります。2章でメッセージを保存する方法を紹介しましたが、もう1つの方法として、既読を未読に戻し、後で未読メッセージだけをフィルター表示し、まとめて処理することもできます。

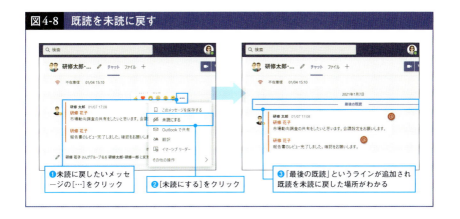

Teamsの「通知」の表示をカスタマイズする

　Teamsでは、さまざまなタイミングで「通知」を受け取ります。既定の設定では、メンションされた場合は、デスクトップ画面右下に表示されるバナー通知（ポップアップ通知）とメールで通知され、返信や「いいね！」を押下された場合は、バナーで通知されます。

　通知があると、Teams画面のアプリバーの［アクティビティ］に数字が、［チーム］にバッジが表示されます。また、「チームリスト」の該当チャネルの右側にも数字が表示されます。

バナー通知を非表示にする(チームのチャネル)

　シゴトに集中したいときや会議の発表中など、バナー通知が画面に表示されたくないときがあります。「チャネル」の投稿でメンションされたときや、チャットメッセージを受信したときの通知の表示・非表示は、カスタマイズすることができます。

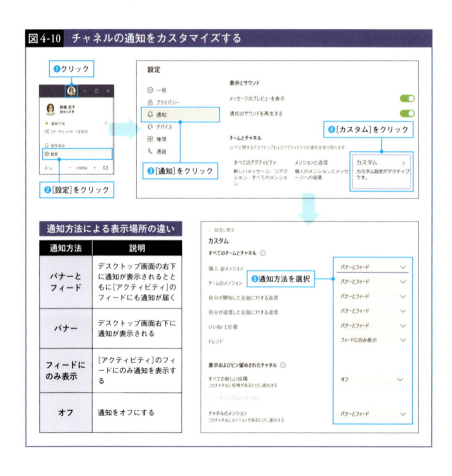

図4-10　チャネルの通知をカスタマイズする

バナー通知を非表示にする(チャット)

チャットについても、既定の通知を変更したい場合、通知方法をカスタマイズすることができます。

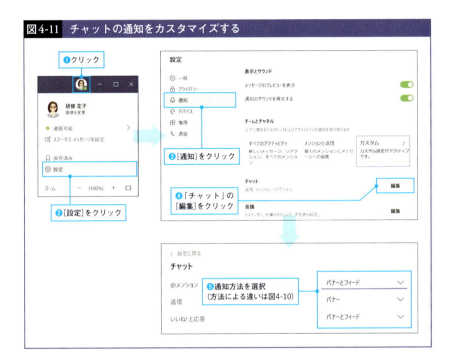

図4-11 チャットの通知をカスタマイズする

プレゼンスの「応答不可」を利用して、バナー通知をオフにする

「通知」の設定をカスタマイズすることで、バナー通知をオフに設定することができますが、一時的にバナー通知をオフにしたい場合は、プレゼンスを手動で「応答不可」に設定します。

Teamsのユーザーは、プレゼンス状態に関係なく、すべてのチャットメッセージを受信します。ユーザーのプレゼンスを「応答不可」に設定すると、引き続きチャットメッセージを受信しますが、バナー通知は表示されなくなります。再度、バナー通知を表示したい場合は、手動でプレゼンスをリセットします。プレゼンスの変更については、2章の「プレゼンスを手動で変える」を確認してください。

「言葉」は言葉以上の意味をもつことを知る

　テキストコミュニケーションは、簡潔さが求められる反面、言葉の選び方によっては、相手に不快な感情を与えてしまうことがあります。

　相手の声や表情が分からないので、相手がどのような雰囲気や温度感で伝えているのか分かりません。たとえば、急いで用件だけ簡潔に書いたつもりが、いつもと言葉の調子が違うので、「（あなたが）怒っているのかもしれない」「（あなたが）機嫌が悪いのかもしれない」と、テキストを受け取った相手が誤解するかもしれません。あなたにそのつもりがなくても、意図せず「きつく」伝わってしまうことがあるのです。

　情報が少ないと、ヒトは少ない情報から察したり、想像したりします。そして、その方向性が誤っていると、ネガティブな感情のループにはまり、心地よいコミュニケーションが成り立たなくなります。認識の齟齬（そご）が起きないように、的確に伝えることは大前提ですが、どのように伝えれば、相手と心地よいコミュニケーションができるか、気を配る必要があります。

「言葉」のイメージを想像する

「あなたは、自己主張が強いヒトですね。」

　上記のように誰かから言われた場面を想像してください。あなたに、この言葉が向けられた場合、どのように感じますか？　「肯定的（好意的）」「中立的（好意的でも否定的でもない）」「否定的（敵意）」の3択であれば、どれになりますか？　コミュニケーション研修でこの質問をすると、日本育ちのヒトの8割〜9割は、自分を否定された気持ち、嫌な気持ちがすると回答されます。一方、欧米育ちのヒトの多くは、肯定的に捉えます。

これは、言葉の持つイメージとして、「自己主張」≒「相手のことを考えずに、わがままを言う」と感じるのか、「自己主張」≒「自分の意見をはっきり伝えることができている」と感じるのか、捉え方の違いになります。

「あなたは、自分の思いを素直に表現するヒトですね。」

では、このように言われた場合はどうでしょうか？　褒められているので嬉しいと「肯定的（好意的）」に受け取る方もいれば、もしかしたら、皮肉を込めて、遠回しに表現しているのかもしれないと捉える方もいます。言葉には、言葉の意味とは別に、言葉がもつイメージがあります。誰が聞いても不快と感じる言葉もあれば、ヒトによって感じ方が異なる言葉もあります。

言葉は、言葉以上のことを相手に伝えます。言葉の選び方や文章だけでなく、言葉を発している本人の意識に現れない本音まで、相手に伝わるのです。

「曖昧」で「不確実」な言葉を自覚する

自分が思っている以上に、曖昧で、不確実な言葉を日常的に使っていることにも意識を向ける必要があります。たとえば、「なるべく早く、お願いします」「これ、今日中でお願いします」という言葉を何気なく使っていますが、「なるべく早く」と「今日中」の判断は、ヒトによって異なります。

6W2H（5W1H）の認識を合わせることが大事だと知っていても、実際のコミュニケーションでは、意外と抜けもれてしまっています。一つひとつの言葉に意識を向けていないと、つい曖昧な言葉を使ってしまいます。

言葉を選ぶときに、数字で表現できるかどうかに意識を向け、数字で表現できることは、数字を使って表現します。たとえば、「なるべく早く」を「3時間以内で」「15時までに」としたり、「今日中で」を「今日の17時までに」に変えるといった具合です。

図4-12　曖昧な言葉のNG集（事実と主観）

- ❌ 普通は〇〇だよね。〇〇はできて、当たり前だよね。
- ❌ いつも、〇〇だよね。
- ❌ いいから、まず、言われたとおりにやって。
- ❌ ちゃんと、〇〇して。しっかり、〇〇して。
- ❌ 相手の立場にたって、〇〇して。

Point
- 人は主観で判断していることを理解する
- 頻度は具体的な回数で考える　・曖昧な日本語を意識する

「曖昧」で「不確実」な言葉は、言葉を「送った側」と「受け取った側」で解釈が異なります。たとえば、「就業時間内でお願いします」と言われた場合、同じ組織であれば、就業時間が何時を意味するか分かりますが、異なる組織の場合、就業時間が何時なのか分かりません。

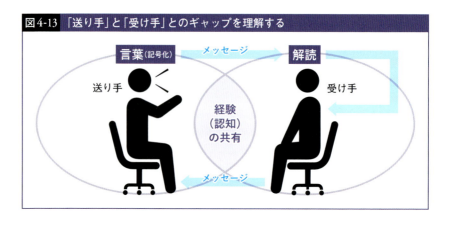

図4-13　「送り手」と「受け手」とのギャップを理解する

すべてのヒトに「主観」があり、「アンコンシャスバイアス」があります。コミュニケーションがすれ違い、モヤモヤ、イライラを感じたら、自分の「主観」と相手の「主観」のどこが違うのか、どのような「アンコンシャスバイアス」があるのか、などを確認する習慣を身につけることで、心地よいコミュニケーションができるようになります。

「否定表現」と「肯定表現」を使い分ける

　同じことを伝える場合でも、「否定表現」を使うか「肯定表現」を使うかで、相手に与える印象が大きく変わります。

【否定表現】そのやり方では、うまくいかないよね。
【肯定表現】やり方を変えれば、うまくいくよね。

【否定表現】3日以内に仕上げてもらわないと困ります。
【肯定表現】3日以内に仕上げてもらえると助かります。

【否定表現】空き缶以外捨てないでください。
【肯定表現】空き缶だけ捨ててください。

　あなたは、普段のコミュニケーションで、「否定表現」と「肯定表現」を意識して、使い分けていますか？　また、あなたは、どちらで言われた方が行動したくなりますか？

　「否定表現」で言われた方が、反骨精神でやる気になる方もいるでしょうし、「肯定表現」で言われた方が、素直に行動したいと思う方もいます。「否定表現」で伝えた場合、相手との関係性によっては、相手から「威圧的」「上から目線」と受け取られる場合がありますが、伝える内容（禁止や注意）によっては、意図的に使った方が相手に強く伝わります。

　重要なのは、「否定表現」と「肯定表現」のどちらの表現を使った方が、相手の行動が促されるかということです。ヒトには感情があるので、正論を伝えただけでは、相手の気持ちは動きません。**コミュニケーションの目的が、相手が行動することであれば、相手が行動したいと感じる伝え方が必要**です。

　つまり、「否定表現」と「肯定表現」のどちらが「よい」「悪い」ではなく、相手との関係性、相手の人柄、その場の状況などを冷静に判断し、最適な表現を選べることが大切だということです。

👥 「否定表現ではない言葉が、否定的に伝わる」ことも

　否定表現ではない言葉が、相手に否定的に受け取られる場合があることにも注意が必要です。その代表例に、「なぜ」と「理解できません」があります。

　たとえば、誰かから「うまくいかなかった理由は、なぜですか？」と聞かれたとき、責められた気持ちになった経験はありますか？　また、「うまくいった理由は、なぜですか？」と訊かれた場合は、どうでしょうか。

　「なぜ？」と訊かれると、「責められているのかもしれない」「納得していないのかもしれない」と、質問者の事実確認のための「なぜ」を、否定や疑惑の「なぜ」で受け取ってしまう場合があります。

　「理解できません」も同様に、理解できていない状況を相手に伝えるための言葉ですが、言葉を受け取った側は、「自分のことを理解してもらえない」「自分のことを否定された」と感じてしまう場合があります。

　否定表現でない言葉が否定的に伝わってしまう場合、その背景には、「言葉を発する側」と「言葉を受け取る側」の前提に相違があります。言葉を受け取る側の前提が、「誰もが理解できる内容だから、説明しなくても分かるはず」の場合、説明しなくても分かるはずのことを「なぜ？」「理解できません」と言われるということは、間接的に「自分のことを否定されている」と感じてしまうのです。

　前提のズレは、「なぜですか？」「理解できません」という言葉を使う代わりに、「○○という理解であっていますか？」と伝えることで、確認することができます。言葉を受け取る側の場合も、否定されたと思い込むのではなく、「あなたは、どのように考えていますか？」と質問をすることで、相手の前提を確認することができます。

　コミュニケーション問題の多くは、お互いの前提が異なることに起因します。前提を確認するために、まずは、自分がどこまで理解しているかを具体的に確認する習慣を身につけましょう。

心地よく伝わる
文章の書き方を考える

　同じことを伝える場合でも、文章の構成や情報の粒度は、ヒトによって異なります。1章のプロセス思考の部分で、粒度を揃え、プロセスの過不足を顕在化させることが、組織の問題や課題を改善する第一歩であるという話をしました。

　テキストコミュニケーションは、「書く側」と「読む側」の情報の粒度が揃っていないと、心地よいコミュニケーションになりません。ここでは、「文章の書き方」について、必要なスキルとTeamsのテクニックを解説します。

👥 1番最初に「目的」を書く

　メールでもチャットでも、1番最初に書くのは「目的」です。読み手が文章の趣旨を理解しやすくなるので、1番最初に目的を書くようにします。

【Tips】謝るときの「説明」は「言い訳」に思われない順番で書く

　何らかの理由で謝らなければいけない場面で、相手から「言い訳をするな!」と叱責され、状況をさらに悪化させている原因の多くは、先に状況説明をしているケースです。当人は「説明」をしているつもりですが、謝罪の気持ちが相手に伝わる前の説明は、「言い訳」に思われてしまうことがあります。1番最初に書くのは「目的」です。

　謝罪の目的は、真摯に謝ることです。①「真摯に謝る」→②「状況を報告する」→③「対応策を示す」の流れで書くとよいでしょう。また、状況報告の分量が多い場合、状況報告を「概要」と「詳細」に分け、①「真摯に謝る」→②「状況を報告する（概要）」→③「対応策を示す」→④「状況を報告する（詳細）」の流れで書き、②の内容で不足がある場合、④に記載がある旨を伝えるようにするとよいでしょう。

1文を短く書く

　長い文章は、書く方も大変ですが、読む方も大変です。分かりやすい文章を書くコツは、**一文一義**（いちぶんいちぎ）といって、1つの文章に、1つの事柄だけを書くことです。チャットの場合は、さらに、一文が長いと読みづらくなります。1文が長くなってしまう原因は、接続助詞の「で」や「が」を使って、文章をつないで長くしてしまうパターンです。

　また、複数の用件は箇条書きや段落番号を利用するとよいでしょう。特に、相手に質問や確認をする場合、相手が回答しやすくなります。

箇条書きや段落番号を利用する

　Teamsチャットでは、「書式エディター」を利用して、箇条書きにしたり、表を挿入できたり、相手に読みやすい構成にすることができます。

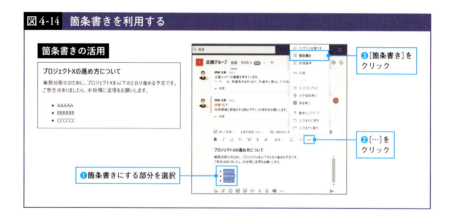

図4-14　箇条書きを利用する

相手の文章を引用して、過去の文脈をつたえる

　短く、簡潔な文章を書くことは大事ですが、主語や述語、目的語など、重要な要素を省きすぎてしまうと、意図が正確に伝わらないリスクが増えます。

　相手のメッセージに返信する場合でも、相手のメッセージの一部を引用して伝えた方が、過去の文脈が分かり、返信の意味が伝わりやすい場合があります。

図4-15 相手の文章を引用する

「分けて」書く、「変更前と変更後を比較して」書く

「事実」と「意見」を書く場合、「事実」と「意見」が混在しないように分けて、箇条書きで書くようにします。また、自分の意見に対して、客観的な論拠がある場合は、その論拠の出典元をリンクで添えるようにします。

変更について書く場合は、「変更前」と「変更後」を比較して書くことで、変更点が分かりやすくなります。

「はじまり」と「結び」をていねいにする

最初に目にはいる1行目の「はじまり」と、最終行の「結び」の部分は重要なポイントです。心地よいコミュニケーションになるよう、相手を尊重する優しさや感謝が伝わるひと言を添えるようにします。

● はじまり

○○の件について、リピートオーダーのご相談です。

↓

先日の○○の件、ありがとうございました！
予想どおり大好評につき、リピートオーダーのご相談です。

● 結び

対応可否について、本日中にご連絡ください。

↓

対応可否について、本日中にご連絡いただけると助かります。
極寒が続きますが、風邪をひかれないようご自愛くださいませ。

カジュアルな表現はどこまでOK？

　同じ相手に、同じ内容を「メール」で伝える場合と、「チャット」で伝える場合、言葉の選び方や文章の書き方は同じですか？　チャットの場合、メールよりカジュアルに書くことが多いと言われても、「どのくらい砕けた話し方をしてOKなのか？」「絵文字を使ってもよいのか？」など、今までのコミュニケーションスタイルとの違いに戸惑われている方もいます。

　事例として、「リアクションのハートマークをビジネスで使うのはよくないのではないか？」「絵文字やステッカーは企業文化に合わないので禁止にした方がよいのでは？」といったものがあります。

　しかし、たいていの場合は、事実データに基づいた意見ではなく、未知なことへの不安な気持ちから「メッセージを送った相手が不快に感じるかもしれない」「相手に誤解を与えるかもしれない」と考えられているのです。

　たとえば、図4-16を見比べたとき、テキスト（文字）だけのメッセージと絵文字やGIFやステッカーが貼ってあるメッセージを比較して、送ってきた相手に対して不快な感情を持つでしょうか？　あなたがメッセージを受け取る側だった場合、どのように感じますか？

図4-16 言葉では表せない感情を表す

　ヒトの感情がややこしいのは、「未知に対する不安」に対して、因果関係のない理由を結び付け、変化しないようにすることです。それは、元々、ヒトの脳と肉体が、保身のために変化を嫌うようにできているからです。

　「未知に対する不安」すなわち「絵文字やステッカーを使ったことがない不安」に、無意識に「相手が不快に思うかもしれない」「相手が誤解を招くかもしれない」という理由をつけて、変化しないようにしているのです。

文章や文字に表情をつける

　文章や文字に表情をつけることで、言葉だけでは伝えきれない感情を表現することができます。特に、文章の最後の表現を変えると、文章の印象を変えることができます。

　たとえば、気さくで親しみやすい感じで伝える場合は、「○○をお願いしますー」「○○をお願いします〜」のような長音表現で柔らかさを表現することができます。また、誰かに強くお願いしたい場合、「お願いしますっ！！！」のような勢いを感じられる表現を使います。

　相手との関係性や相手の性格を見極め、失礼のない範囲で文章や文字に表情をつけることで、親しみやすく、和やかなテキストコミュニケーションになります。

絵文字・GIF・ステッカーを使う

Teamsチャットでは、テキストだけでは表現できない、自分の「気持ち」を絵文字・GIF・ステッカーで表現することができます。ステッカーの場合、吹き出しのメッセージを変えることも可能です。

図4-17 絵文字・GIF・ステッカーを使う

チャットコミュニケーションは、便利に使うことができる一方、対面やビデオ・音声通話と異なり、気づかないうちに、相手に誤解を与えたり、自分の意図しない伝わり方になってしまったりします。

2章で説明したように、Teamsの「ステータスメッセージ」や「プレゼンス」を使うことで、姿が見えない相手に状況を伝えることができます。ツールの機能を利用して不足情報を補い、テキストコミュニケーションの特性を理解した上で、言葉を選び、文章の書き方を工夫することが大切です。

図4-18 テキストコミュニケーション（チャット）のポイント

1 相手の入力スピードや状況を配慮する

- 入力スピードの差が心理的プレッシャーになることに注意する
- 可能な範囲で、即時返信を心がける
- 業務時間外のメッセージに注意する（スマートフォンを使っている場合、通知がスマートフォンに出る）
- 相手との距離感に気をつける

2 文を短く、分かりやすい言葉で記述する

- 主語（Who）を入れる、6W2Hを意識する
- 箇条書きを利用するなど、1つの文章を長文にしない
- 曖昧な表現を避ける（察して系の文章は書かない）

3 言葉選びに意識を向ける（感情的になりそうなときは、特に注意する）

- 言葉のイメージを意識する（想定よりも厳しく伝わってしまう場合がある）
- 肯定的に言い換える習慣をつける
- 感謝の言葉を添える
- 文章の語尾を工夫する

4 見やすさ・回答のしやすさを工夫をする

- 相手の文章を引用するときは、引用が分かるようにする
- タイトルや番号をつけ、見やすく、指示しやすくする
- 質問や相談は、できるだけ、Yes or Noで回答できるように書く

5 リアクションルールを決めておく

- 確認のみの場合は、「いいね」で代用することを検討する
- メンションのルールを決めておく（例：メールのTO相当は文頭、CC相当は文末に）
- リアクションの絵文字を使う

6 後から情報検索しやすい工夫をする

- 重要であると思ったやり取りは保存機能を使う
- 検索しやすい言葉を使う
- （Microsoft Teamsの場合）チームやチャネルの運用ルールを決めておく

音声コミュニケーション 電話・通話の考え方

音声コミュニケーションとは、「電話」やTeamsの「通話」を使って、音声ベースで伝達、意思疎通を行う手法のことです。コミュニケーションが苦手という方の中に「チャットは苦手だけど、電話だったら大丈夫」と言われる方がいらっしゃいます。音声コミュニケーションの場合、言葉以外に、声のトーンや話し方といったノンバーバル情報が加味されるので、コミュニケーションの判断材料が増えます。

電話の特徴は、時間だけ合わせれば空間は離れていてもコミュニケーションができる点ですが、チャットと異なるのは、厳密な同時性が求められる点です。テキストコミュニケーションと異なり、相手とつながるまで、情報を伝えることができません。

電話の課題　～相手のシゴトを中断させる～

電話の場合、コミュニケーションの開始は、たいていの場合「連続する呼び出し音」、もしくは「バイブレーション」になります。

これは、「相手の集中力を途切れされることによって電話に気づかせる」という強硬手段で、コミュニケーションが始まっていることになります。また、代表電話にかかってきた電話のベルが、フロア中に鳴り響く職場で働いているという方もいらっしゃるかもしれません。

ある調査では、電話のベルなどで集中力を強制的に分断されると、元の状態に戻るまでに最低でも15分かかる、という結果が発表されています。電話のベルを聞いたフロアの数十人がその状態になるのであれば、組織として相当な損失を生んでいるといってもよいでしょう。

電話の前に、チャットを利用する

　電話で相手と直接話をしたいと思った場合、反射的にすぐ電話をかけるのではなく、まず、「会話をすることでより一層の効果が得られるか」を考え、「相手が話せる状態かどうか」をチャットで確認してから電話をするか、「〇時までに直接話をしたい」というリクエストを出し、相手の都合のよい時間に電話をかけてもらうとよいでしょう。

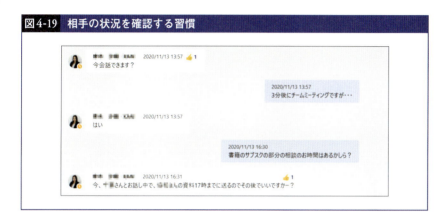

図4-19　相手の状況を確認する習慣

チャットから音声通話する

　Teamsでは、チャットの途中から音声通話に切り替え可能です。音声通話に切り替える場合、画面右上の［音声通話］アイコンをクリックします。

図4-20　音声通話を開始する

❶チャットしている相手のアカウントアイコンをクリック
❷クリック

ニューノーマル時代の働き方は「会議」を中心に組み立てる

　ニューノーマル時代の「働き方」は、「時間」と「場所」を調整する「働き方」から、「目的」と「効率」で手段を選ぶ時代です。ハイブリットな「働き方」の成功の鍵は、「リアル集合型」「オンライン集合型」「ハイブリッド集合型」の会議形態を、目的に合わせて使い分けられるスキルにあります。

ニューノーマル時代の「会議の実施形態」は3種類
参加者全員が物理的な会議室に集合する**リアル集合型**
参加者全員が仮想空間の会議に集合する**オンライン集合型**
物理的な会議室と仮想空間の両方の参加者をつなぐ**ハイブリッド集合型**

　物理的なオフィスに集合する「働き方」が主体の場合、相手の姿が見えるので、計画的な会議を設定しなくても、突発的な「ちょっといい？」「ちょっと集まって」で解決していた部分が多くあります。「対面」がよいと言われる理由の1つに、この突発的な「ちょっといい？」「ちょっと集まって」は、「対面」でしか実現できないと思い込んでいる、ということがあります。
　「会議」というと、かしこまったものだけを想定してしまうかもしれませんが、「ちょっといい？」「ちょっと集まって」も会議として、毎日の予定に組み込むことで代替可能です。事例を紹介しましょう。

---

①「KAN_Daily Well-Being」全社ミーティング（午前11：00〜11：30）
②「チームミーティング」担当部門のミーティング（午後14：00〜14：30）

---

　①の目的は、社員全員が心身とも心地よい状態でいられるための会議であり、コミュニケーションスキルやITスキルを楽しみながら学べる時間にしています。②はチームの相談や雑談のための時間です。

ハイブリッドな働き方では、計画的な「会議」を中心にシゴトを組み立てます。リアル集合型が必要な場合、バラバラと異なった曜日に分散させるのではなく、**同じ曜日（例：2週おきに火曜日）に集中させる**ことで、オフィスに出社する回数を減らし、移動時間を最小限にできるので、時間を効率よく使うことができます。

👥 オンライン会議の成功の秘訣はルールづくり

> Q1　あなたの組織は、会議のルールが明文化されていますか？
> 　　（はい・いいえ・分からない）
> Q2　あなたは、会議の進め方をどうやって学びましたか？

この質問に対する回答は、「会議のルールは、明文化されていません」「明確に学んだ記憶はありません」が大多数です。中には、「会議術の書籍を買って学びました」という方もいらっしゃいますが、多くの場合、組織に属したり、組織に関わったりする中で、その組織の会議の進め方を実践知として学んでいきます。毎日のように会議が行われ、会議の経験数が増えているにも関わらず、なかなか、会議が効率化されないのは、なぜでしょう？

これは、ITリテラシーやデジタル競争力が低下した原因と同じで、**形だけ導入しようとする傾向があり、形の裏側にある「コンセプト」や「思想」の理解が不足している**からだと考えています。たとえば、形だけ導入して「会議は30分」とルールを決めても、そのルールが守られないのであれば、ルールを決めるために費やした時間がムダになり、形骸化したルールだけが残ることになります。繰り返しになりますが、「ルール」の目的はチームとジブンのシゴトのムダを減らすことにあるのです。

組織やチームの「ルール」を決める立場にない、組織やチームの「ルール」が決まるまでに時間がかかるといった場合でも、**相手とジブンで「ルール」を決めることもできます**。図4-21は、私が実践している「会議打診は会議設定で行う」ルールです。会議の打診、調整をメールやチャットで行うよりも時間を削減でき、相手のシゴトもジブンのシゴトも減らすことができます。

147

打診する側が、打診メールやチャットが必要と考える理由は、「いきなり会議設定したら、相手に失礼なのではないか？」と考えるからです。

このルールを、打診なく、会議設定するのは、失礼だと感じる方がいたとしたら、形に意識が向き、本質を見落としているかもしれません。会議打診をメールやチャットで行う代わりに、会議設定で行っているだけで、相手に打診をしていない訳ではないからです。

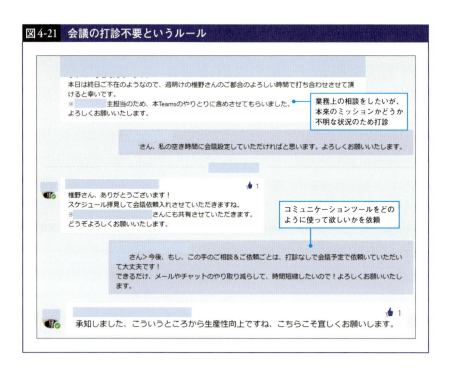

図4-21 会議の打診不要というルール

大事なことは、チームとジブンの「働き方」を、主観ではなく、データに基づき、客観的に判断して改善することです。なお、ジブンの「働き方」のデータ分析については、第6章のMyAnalyticsで紹介します。

組織の会議を定義する

あなたの組織では、「会議」をどのように定義していますか？ 物理的な会議室やオンライン会議に集まって話をしたら会議でしょうか？ あらためて、

会議の定義と言われると、どこまでが会議で、どこからが会議でないか、意外と曖昧であることが分かります。

> 会議とは、会合して評議すること。何かを決めるため集まって話し合うこと。その会合。（出典：広辞苑）

この辞書の定義に沿うと、相談が存在しない、報告のために集まっている状態は、会議ではないことになります。本書では、「目的」と「成果物（アウトプット）」が定義され、集まって話し合った結果、成果物が存在するものを「会議」と定義します。

たとえば、「目的」は報告による情報共有、「成果物」は報告内容に対する「承認者の承認」と「議事録」の場合、報告のために集まっていることは、会議になります。一方、「目的」は報告による情報共有であっても、会議が終わった後に成果物が存在しないものは、会議ではないということです。

会議は、目的によって、さまざまな種類の会議があります。あなたの組織には、どのような種類の会議が存在しますか？　まずは組織やチームの会議を「目的」で分類し、会議の種類を決めましょう。会議の種類は、いろいろな分類の仕方がありますが、本書では、図4-22の4つに分類します。

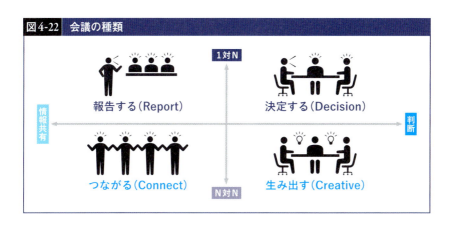

図4-22　会議の種類

会議を設計する

図4-23　会議の準備の5 Step

①会議の「目的」と「成果物」を定義する

　会議の種類にあわせて、「目的」と「成果物」を定義します。会議設定する際、会議の「目的」と「成果物」を決めることは重要です。「成果物」が存在しないのであれば、会議体として会議を設定する必要があるかどうかを検討する必要があります。

　会議の「目的」と「成果物」を定義する際、**目的の達成指標を数値化**します。たとえば、報告する会議であれば、報告内容（情報共有）が5つあって、その5つの承認をとるといった具合です。

　目的の達成指標を数値化することで、承認が不要な報告は、会議でなく、掲示板やTeamsのアナウンス機能、メールなど、別の方法で情報共有すればよいという判断にもつながります。

②会議設定に、会議参加者の役割を記述する

　会議参加者の役割を明確にすることで、本当に会議に必要なヒトだけが参加する会議になります。会議のアジェンダに参加者の役割が記載されていない場合、主催者の意図と招集された参加者の認識が異なる場合があります。このような場合、参加者として最適でなかったり、主催者の意図と異なる事前準備が行われたり、ムダが発生する場合があります。

表4-2　会議の目的と成果物に関連した参加者を選択する

種類	あて先	役割	部門と氏名	
必須参加者	To	情報を発表する人	第1営業部	山田優子　鈴木一郎
	To		第2営業部	斉藤健太
	To	情報の発表を聴いて判断する人	営業本部	青山裕二　林美香子
	To	判断はしないが、情報共有しておくべき人	マーケティング本部	田口貴史
	To	成果物を作成するために作業を担当する人	第1営業部	川口翔太
任意参加者	Cc	判断はしないが、情報共有しておいたほうがよいと思われる人	製品企画部	秋山景子
			経営企画部	牧野亮

③会議の「アジェンダ」を定義する

　モノゴトを計画的にすすめるためには、プロセスが重要です。**組織の会議の種類に合わせて、会議の標準プロセスを定義**します。会議の「種類」と「標準プロセス」が定義されることで、会議の流れが標準化され、会議参加者の認識が揃うようになるので、効率のよい会議を開催できるようになります。

図4-24　「成果物」からプロセスと会議の時間を設計する

④会議の「時間」を設計する

　会議の標準時間を設計します。最初は、設計したとおりの時間に収まらないかもしれません。まずは、**現在の会議時間を、10分〜15分短くして開催**します。60分で実施している場合は45分で、30分で設計している場合は20分で実施するために、どうすればできるか工夫をするところから始めましょう。

図4-25　会議時間の価値

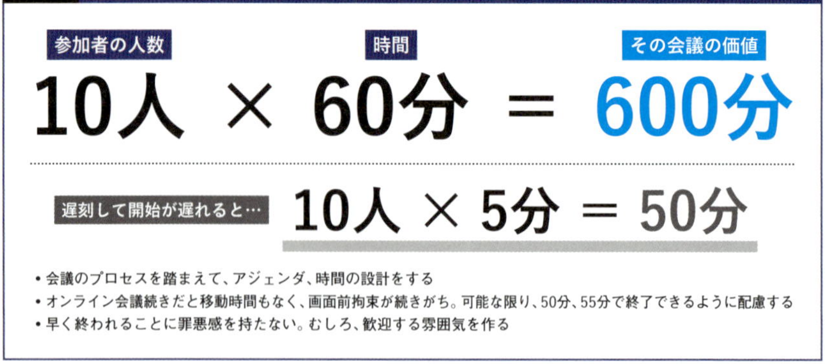

参加者の人数		時間		その会議の価値
10人	**×**	**60分**	**＝**	**600分**

遅刻して開始が遅れると… 　**10人　×　5分　＝　50分**

- 会議のプロセスを踏まえて、アジェンダ、時間の設計をする
- オンライン会議続きだと移動時間もなく、画面前拘束が続きがち。可能な限り、50分、55分で終了できるように配慮する
- 早く終われることに罪悪感を持たない。むしろ、歓迎する雰囲気を作る

【Tips】会議時間＝参加者人数×会議時間で考える

「もしあなたが、会議に5分遅刻した場合、ムダになった時間は何分ですか?」と質問をすると、多くの方は「5分です」と回答します。

物理的な時間は5分かもしれませんが、仮に会議参加者10人が5分間待ったと考えると、10人×5分なので、組織としては、50分の時間をムダにしたことになります。遅刻者を待たなかったとしても、5分間の話の概略を説明したり、概略を説明しなかったとしても、最初の5分間を聴いていなかったために、的外れな質問をしてしまったりするかもしれません。

会議時間を考えるとき、常に、参加者人数×会議時間の時間を費やしている意識をもち、行動することが大切です。

⑤会議資料の準備をする

● 会議資料の作成ルールを決める

会議資料はPowerPointやWordで作成すると思いがちですが、会議資料と議事録をまとめて管理したいのであれば、OneNoteを使うという方法もあります。また、計算が必要な数値資料は、Excelで作られる方が多いと思いますが、見せる数値の場合、PowerBIでグラフ化することも検討します。

「資料の最大ページ数」「ファイルの命名規則」など、会議の効率に影響することを、事前にルールとして決めておくことが重要です。

• 会議資料の事前共有ルールを決める

会議資料の事前共有の目的は、あらかじめ参加者が資料を読み、疑問や質問を考えてくることです。資料の作成者がギリギリの時間に資料を作成していた場合、参加者は資料を事前に読むことができません。一方、資料の作成者がルールを守って、期日どおり資料を作成したとしても、参加者が事前に読んでこなければ、事前共有のルールは、ルールとして意味を持ちません。

もし、参加者が事前に資料を読まないのであれば、会議冒頭に資料を読み込む時間を加味して、会議時間を設計する方法があります。この方法を採用していることで有名なのが、アマゾンの会議です。1ページの資料であれば5分、6ページ資料なら15分程度というように、冒頭に資料を読み込む時間があり、全員が読み終わってから、会議をスタートさせています。

大事なことは、「事前共有なのか」「会議の冒頭に読むのか」ということではなく、**会議の参加者が、同じ会議資料を読み、前提条件を揃えた上で、会議を始める**ということです。

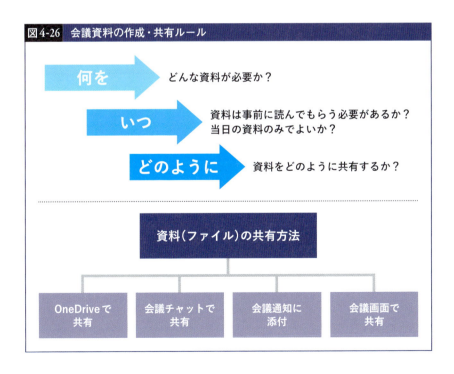

図4-26 会議資料の作成・共有ルール

オンライン会議の成否は
ファシリテーターで決まる

　ファシリテーションとは、会議や研修、ミーティングなどさまざまな活動の場において、良質な結果が得られるように活動のプロセスをサポートしていくことです。それを実際に担う役割のヒトをファシリテーターと呼びます。

　対面の会議では、「場の雰囲気」や「相手の反応」を見ることができたので、会議の参加者同士が互いに察することで、成り立っている部分がありました。たとえば、「誰か意見はありますか？」という問いに対して、誰も回答しないと、無言のなんとも言えない空気が流れます。少しすると、その空気を察して、誰かが発言をするといった具合です。

　ところが、オンライン会議では、「誰か意見はありますか？」と訊いても、なかなか意見が出てこないことがあります。それは、ノンバーバル情報が伝わりづらいので、無言のなんとも言えない空気を対面のときより感じづらいからです。

　そのような場合はブレークアウトルームで少人数で話し合った後、チームの意見として発表してもらうなど、状況に合わせた場づくりが必要です。つまり、対面のとき以上にファシリテーターの力量が問われ、ファシリテーターの力量で会議の成否が決まると言っても過言ではありません。

　発表者の伝えていることが分かりづらい、場の雰囲気が醸成されていないなど、会議で発生するさまざまな問題をさりげなくサポートし、即座に問題解決できるスキルが必要です。

アイスブレイクが大事な理由

　オンラインの場合、ノンバーバル情報が伝わりづらいので、会議の「はじまり」は重要です。対面の場合は、場があたたまっていないと感じたら、臨機応変に、適切な「誰か」を指名したりしながら、場をあたためていくこと

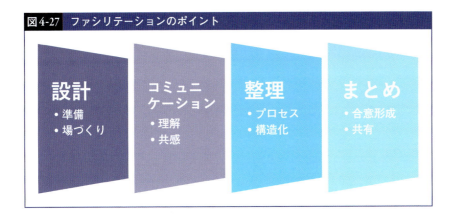

図4-27 ファシリテーションのポイント

が可能です。ところが、オンラインの場合、この適切な「誰か」が分かりづらいので、会議の「はじまり」のアイスブレイクで、場をあたためられるかどうかがポイントです。

ファシリテーターの役割を担う方で、「アイスブレイクが苦手です」と言われる方がいらっしゃるのですが、これは、事前準備なく、その場でアイスブレイクの話題を考えているからです。苦手であればなおのこと、事前準備が必要です。

コミュニケーションスキルが高いヒトの習慣

事前準備が必要といっても、会議のアイスブレイク専用の「ネタ」や「話題」を準備してください、ということではありません。コミュニケーション能力の高い人は、いつでも「ネタ」「話題」を準備しています。「初めましての方」から「長年お付き合いのある方」まで、いつ、どのような相手とでも、お互いが楽しく会話できるように、相手が安心して話せるように、普段から話題の引き出しを増やしているのです。

事例として、エバンジェリストとして著名な西脇資哲氏の例と、放送作家・戦略PRコンサルタントとして活躍されている野呂エイシロウ氏の例を、図4-28で紹介します。

図4-28 1次情報・2次情報の習慣

　「プレゼンテーションは、事前準備をしてから臨みます」という方が多いのですが、会議のファシリテーションや普段の会話の事前準備は、どうですか？ プレゼンテーションもファシリテーションも普段の会話も、すべてコミュニケーションです。事前準備がどれだけできているかが大切です。いつ、どのようなことが「ネタ」「話題」として役立つか分かりません。どのような体験も1次情報は貴重です。2年前の体験が、書籍の素材として活用できているのですから……。

　日ごろから情報を集め、記録として残しておけば、いつでも話せる「ネタ」「話題」が自然に増えていきます。1日1個でも、1年たてば365個です。

意見や感情がぶつかったときの対処法

「対面」の場合、言葉以外のノンバーバル情報が相手に直接伝わります。ノンバーバル情報が伝わりやすいということは、不機嫌な感情をマネジメントできないヒトがいた場合、その感情が「オンライン」よりも周りに広がりやすいといった逆効果になる場合もあるということです。

世界経済フォーラム（通称ダボス会議）では、ビジネスパーソンに必要なスキルの１つに「感情知性（EI：Emotional Intelligence）（EQ：Emotional Intelligence Quotient）」をあげています。

シゴトにおいても、プライベートにおいても、「感情」に振り回されると、よい結果にならないことは、多くの方がご存知のことだと思います。大事な場面ほど、感情に振り回されず、冷静に対応する必要があります。試合の難しい局面において、冷静にプレーするため、プロスポーツ選手が、トレーナーをつけてEQをトレーニングしているケースが多いのはそのためです。

EQは、学術的に研究され、トレーニングすることで、感情に振り回されず、冷静な対応ができるようになることがわかっています。EQトレーニングを導入している企業や組織が増えている理由は、EQを磨くことで、「不機嫌」や「不快」な時間を軽減できるからです。

EQを磨くための4Step

- Step1：自分の感情変化に気づくスキル

  How to：感情日記をつける（心地よい言動、不快な言動をメモする）

- Step2：思考の促進に感情を利用するスキル

  How to：不快な言動を「肯定的意図」と「否定的意図」の両方で言語化する

- Step3：感情を理解するスキル（感情の由来や行く末を理解するスキル）

  How to：自分の期待値と相手の認識のギャップを質問する習慣を身につける

- Step4：目的を果たすために感情を調整するスキル

  How to：不快を平常に変えられる、自分の行動を探し、行動を決めておく

第4章
オンラインコミュニケーションを円滑にするコツ

コミュニケーションスキルにEQが必要とされるのは、感情に振り回されない、ジブンの感情をいったん横におけるスキルが必要だからです。双方が、相手の「感情」や「意図」を理解し、「相手には、相手の事情がある」という前提で、コミュニケーションできるスキルが必要なのです。

会議終了時のルール

ファシリテーターの役割の1つに、会議を予定どおりに進ませ、時間内に終了させることがあります。会議のまとめ役として、終了時に以下のことを忘れずに行うことが大切です。

- 会議は予定時間より早く終わる（目標5分）
- 会議で決まったこと、決まらなかったことを確認する
- 会議が終わった瞬間から行動に移れるかを確認する（NextActionの確認）
- 次回の会議メンバーの見直し（確認）をする
- 議事録は全員が共有できる場所にあることを確認する

第5章

チームを「見える化」する

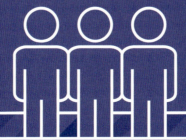

Formsで「チーム」と「コジン」の課題を共有する

「無意識」か「意識的」かの違いはあっても、ヒトの言動の背景には、「そのように言いたい」「そのように行動したい」という、「感情」や「意図」があります。**誰かの言動を理解するとき、「肯定的な意図」で捉えるか、「否定的な意図」で捉えるかによって、受け取り方が変わってしまう**のです。まったく同じ言葉や行動であっても、相手との関係性によって「肯定的な意図」と解釈したり、「否定的な意図」と解釈したりしてしまうことさえあります。

つまり、ヒトは誰しも自分のフィルターをとおして解釈し、その解釈には「違い」があるということです。相手との「違い」を理解するために、まずは「違い」を「知る」必要があります。

このような「違い」を可視化する手段の1つに、アンケートがあります。「賛成または反対の比率を確認したい」「選択肢から多数決で決めたい」といった場合、TeamsチャットからFormsの簡易アンケートを作成すれば、すぐにアンケートを実施できます。Teams内でFormsを利用するためには、Formsをアプリケーションとして追加します。

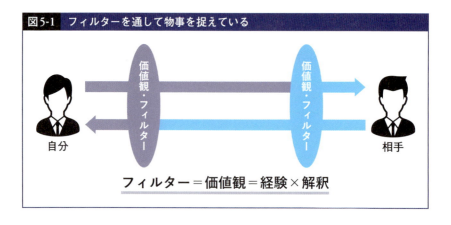

図5-1　フィルターを通して物事を捉えている

Teamsとアプリケーションを連携する

Teamsは、コラボレーションおよびコミュニケーションの中心となるサービスとして、さまざまなアプリケーションと組み合わせて使うことができます。アプリケーションとの連携には、以下の3つのパターンがあります。

①アプリバーにアプリケーションをピン留めする（6章の図6-2参照）
②チャットやチャネルにタブを追加して関連付ける（5章の図5-8参照）
③メッセージングの拡張機能を使う（一部のアプリケーション）

FormsをTeamsのメッセージと連動させる

FormsとTeamsの連携は、上記の③の方法で行うことが可能です。図5-2の手順で連動させた後、図5-3の手順でFormsの簡易アンケートをTeamsチャットで実施することができます。

図5-2 FormsをTeamsのメッセージと連動させる

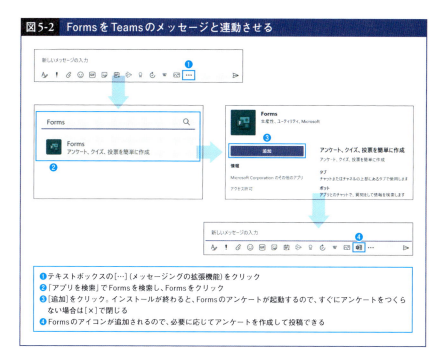

❶テキストボックスの[…]（メッセージングの拡張機能）をクリック
❷「アプリを検索」でFormsを検索し、Formsをクリック
❸[追加]をクリック。インストールが終わると、Formsのアンケートが起動するので、すぐにアンケートをつくらない場合は[×]で閉じる
❹Formsのアイコンが追加されるので、必要に応じてアンケートを作成して投稿できる

図5-3 TeamsチャットでFormsの簡易アンケートを実施する

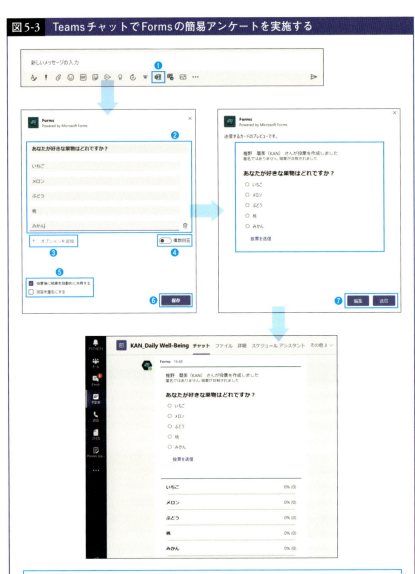

❶テキストボックスの下部に表示される[Forms]をクリック
❷入力フォームが表示される。「質問」に質問を入力し、「オプション」に回答の選択肢を入力
❸[+オプションを追加]をクリックすると、回答の選択肢の欄を増やすことができる(最大6個の選択肢まで)
❹既定では単一選択になっているので、複数選択にする場合は[複数回答]をONにする
❺回答を匿名にしたい場合は[回答を匿名にする]にチェックを入れる。回答結果を画面で共有したくない場合は、[投票後に結果を自動的に共有する]のチェックを外す
❻[保存]をクリックする
❼プレビュー画面でアンケート投稿内容を確認し、[送信]をクリックするとチャットのスレッドに投稿される。[編集]をクリックすると、編集画面に戻る

Formsを使ってアンケート・クイズをつくる

Formsの機能をフル活用すれば、さまざまなタイプのアンケートをつくることが可能になります。簡単にまとめると、Formsは以下を実現してくれるツールであるといえるでしょう。

- 意見の集約：アンケートやテストを直観操作で簡単作成
- 集約の手間を軽減：アンケートの自動集計やテストの自動採点
- 集計結果の確認：集計結果をグラフで表示、Excelで一覧出力も可能
- 紙からの脱却：電子アンケートで配付も回収も効率的

Teamsチャットから行う簡易アンケートではなく、機能をフル活用したアンケートを行いたい場合は、Microsoft 365のメニューからFormsを起動してアンケートを作成します。

図5-4　Formsアンケートのサンプル

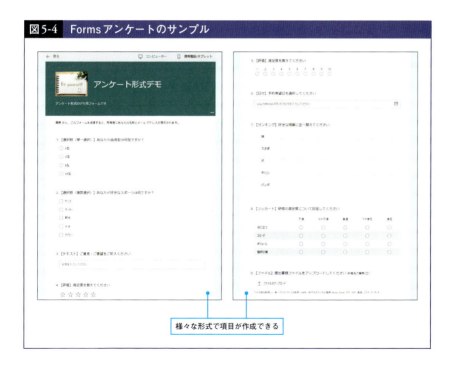

様々な形式で項目が作成できる

図5-5 Formsでアンケートを実施する

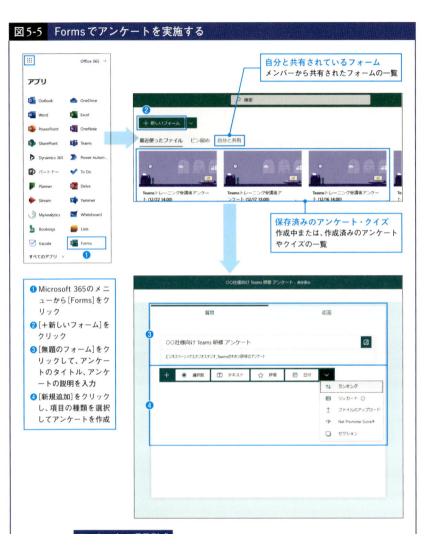

項目形式	使用方法
選択肢(単一回答)	ラジオボタンで選択
選択肢(複数回答)	チェックボックスで選択
テキスト	テキストボックスでテキスト入力
評価式	★の数、数値で評価
日付	カレンダーから日付を選択
ランキング	項目に順位をつける
リッカート	心理的尺度(よい・普通・悪いなど)から選択
ファイルのアップロード	ファイルをアップロードする
Net Promoter Score	10段階スコアから数値を選択

Yammerで組織の ヒトとヒトをつなぐ

　ヒトとヒトのコラボレーションのカタチには、「階層型」と「ネットワーク型」があります。

階層（ヒエラルキー）型
- 定型的な情報伝達の場合は、情報伝達ルートの管理がしやすい
- 最短経路で情報伝達ができないので、情報共有に時間がかかる
- ノウハウの相互活用が限定的になりやすい

ネットワーク型
- 定型的な情報伝達の場合、情報伝達ルートが管理しづらい
- 最短経路で情報を迅速に伝達し、変化に素早く対応できる
- オープンに連携することで、社員のノウハウを相互に活用できる

　社内通知、業務報告などを共有する場合は、決まった方向で伝達する階層型の方が、管理がしやすく効率的です。一方、ヒトとヒトをつなぎ、メンバー同士のナレッジを共有したり、質問や課題を迅速に解決したりする場合は、ネットワーク型の方が効率がよくなります。つまり、どちらか一方が「よい」のではなく、**目的に応じて使い分けられる手段（環境）が整っていること、そして手段（環境）の使い方をヒトが理解していることが大事**なのです。

　「ネットワーク型」の情報共有を実現するという観点から見たとき、多くの組織に利活用してほしいサービスが**Yammer**です。Yammerを社内SNSとして利活用できると、組織やチームの課題をオープンな場で話すことができます。さらに、メンバー同士のナレッジ共有が活発になることで、質問や課題を迅速に解決できるようになります。

　またYammerの活用は、課題の解決につながるだけではありません。他部門とのコラボレーションで新しいビジネスが生まれるなど、組織の活性化や

組織力の向上にもつながります。たとえば、以下のような事例があります。Yammerでつぶやいたアイデアを見た別部門のヒトからTeamsのプライベートチャットに連絡が来て、一緒に会社の新しいサービスを生み出したという事例です。

①Yammer（全社グループ）にアイデアや企画をつぶやく
②Yammerに多方面から反応がある
③Teams（チャット）に「一緒にやりませんか？」というメッセージが送られてくる

このような、コラボレーションツールの使い分けを考える上で重要なのは、「情報のフォーマル度」と「従業員への権限移譲」という軸から、目的に見合ったツールを選んでいくということです。図5-6は、TeamsとYammerに、Microsoft 365のもう1つのコラボレーションツールであるSharePointを加えて、それぞれの得意とする領域を整理したものです。

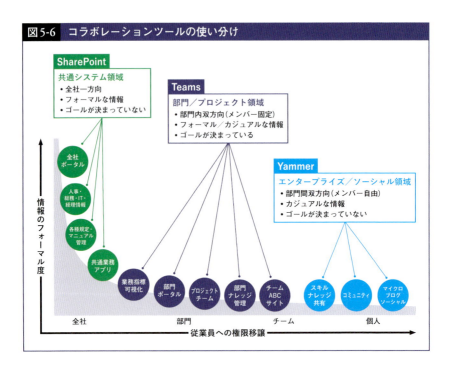

図5-6　コラボレーションツールの使い分け

Tasks（Planner）で チームのシゴトを管理する

ジブンのシゴトも、相手のシゴトも増やす1つに、**リマインド**があります。リマインドは、「相手が失念していないか」「予定どおり進んでいるか」を確認したり、相手の行動を促進したりするために発生します。

「リマインドをシゴトにしない」ためには、チームのシゴトを「見える化」する必要があります。特に、並行して複数のシゴトを進めている場合は、シゴトの優先順位や進捗を管理する意味で、シゴトの「見える化」は大事です。

Tasksの**Planner**を使うとシゴトの進捗状況をチームで共有することができます[1]。「タスクの一覧」と、その「期限」や「担当者」、「優先度」などが一目瞭然となり、「メモ」や「添付ファイル」を効果的に整理することも可能です。

👥 タスクの登録ルールを決める

Plannerを効果的に活用するためには、「タスクの登録ルール」を作っておくことが重要です。以下に挙げた点がポイントとなってくるので、使い方の解説に入る前に確認しておきましょう。

タスクの粒度を揃える

情報処理の粒度はヒトによって異なります。**タスクの管理を始める前に、タスクの粒度を揃えておきます。**タスクの粒度が粗すぎると、抜け漏れが発生して進捗が管理しづらく、逆にタスクの粒度が細かすぎると、管理するタスクが多くなり煩雑になります。まずは、チームにとって最適な粒度を決めることからはじめましょう。

---

[1]：「Planner」は、「To Do」アプリと統合し、将来的に名称を「Tasks」にすると発表されている。また、2021年2月11日現在、アプリの名称が「Planner および To Do による Tasks」となっているが、本書ではアプリの機能を区別するため、「Planner」と「To Do」と名称を分けて使用している。

優先順位・判断基準を決める

チームの「優先順位・判断基準」を決めておきます。たとえば、シゴトの選択肢が複数あった場合、以下の3点で評価するといった具合です。

①セキュア（安全）
②スピード
③シンプル

ここで重要なのは、2位が3つあるといった、同じ順位を複数つくらないルールにすることです。この制約を入れると、順位づけは難しくなりますが、判断基準をより明確にすることができます。複数の同じ順位をOKとすると、判断する際どちらを優先したらよいか迷ってしまう原因になります。

守れる「ルール」を決める

ルールは、判断基準を揃え、コトをスムーズに進めるために決めるものです。ヒトが守れないルールでは意味がないので、メンバーが守れるルールを決めます。

①タスクを管理する粒度の定義
②Plannerに登録・更新するルール（いつ登録する、いつ更新する）
③Plannerの進捗を確認するルール（例：1週間に1回、4週間に1回）

たとえば、1週間に1回、同じ曜日の同じ時間に定例会議を開き、定例会議までにシゴトの登録や更新を完了させておく、というルールが考えられます。また、1週間単位での進捗量が少ないタスクは、1ヶ月に1回、月例のタイミングで進捗を確認するとよいでしょう。

ニューノーマル時代は、今まで以上に会議を中心に「働き方」を組み立て、本当に必要な会議を効率よく開催します。「毎週確認すること」「月一で確認すること」を決めることで、リマインドが不要になり、予定どおりシゴトを進めやすくなります。

Planerでタスクを管理する

　Planerの階層構造は、「タブ」「バケット」「タスク」の3つの階層で情報を管理する構造になっています。まずはこの「階層」について理解しておくことが重要です。

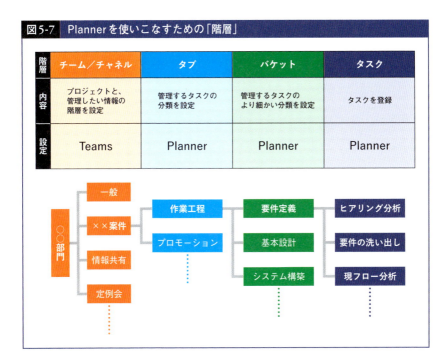

図5-7　Plannerを使いこなすための「階層」

Teamsにタブを追加する

　Planner単体で利用することも可能ですが、Teamsのチャネルにタスク管理用のタブを作成することで、チャネルのメンバーとタスクを共有し、一緒に管理することができます。

図5-8 Teamsにタブを追加する

❶Plannerと連携して、タスクを管理したいチャネルをクリック
❷[+タブを追加]をクリック
❸[Planner および To Do による Tasks]アプリをクリック
❹新規にプランを作成する場合は、「新しいプランを作成する」の「タブ名」を入力し、[保存]をクリック

バケットを追加する

バケットは、個々のタスクをまとめる単位になります。タブを追加すると、既定でTo Doバケットが用意されています。

図5-9 バケットを追加する

❶Teamsに追加したPlannerのタブをクリック
❷[新しいバケットの追加]をクリックし、バケット名を入力して[Enter]キーを押下
❸新しいバケットが作成される

図5-10　バケットにタスクを追加する

❶ Teamsに追加したPlannerのタブをクリック
❷ タスクを追加するバケットの[+タスクを追加]をクリックし、「タスク名」を入力
❸ [期限の設定]をクリックし、表示されたカレンダーから、このタスクの期限の日をクリック
❹ [割り当てる]をクリックし、担当者を一覧から割り当てる。複数担当者がいる場合には、一覧から繰り返し選択。[ESC]キーを押下、または担当者一覧以外の場所をクリックして一覧を閉じる
❺ [タスクを追加]をクリック

タスクの詳細設定をする

　追加したタスクをクリックすると、タスクの詳細を設定できます。タスクを割り当てられたメンバーは、「ラベル」「優先度」「期限」などを利用し、ジブンのタスクを効率よく管理できます。このうち「チェックリスト」は、作業完了時にチェックをいれると、完了したことを示す線がひかれるので、詳細な作業の進捗を「見える化」するのに便利です。

タスクのコピーでタスクを再利用する

　タスクの［…］（オプション）の、［タスクのコピー］を利用して、既存のタスクを別のバケットにコピーできます。類似したタスクを別バケットで、一から作成しなくてすむので、効率よくタスクを管理することができます。

【Tips】同じコトを複数回行う場合はテンプレート化する

　たとえば、既定のTo Doをテンプレート用のバケットと位置づけます。このバケットに、テンプレート用のタスクを登録し、それをコピーして使う運用にすれば、タスクの登録を効率化できます。
　また、別のバケットで作成したタスクがテンプレートとして再利用できそうな場合、テンプレート用バケットにコピーしてテンプレート化します。テンプレート化すると、必要な部分の修正だけですむので、ジブンだけでなく、チームメンバーのシゴトを減らすことにもつながります。

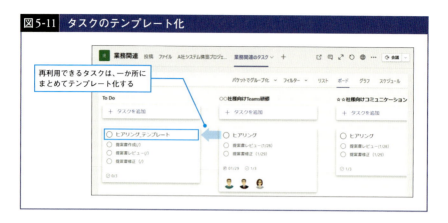

図5-11 タスクのテンプレート化

進捗をグラフで可視化する

　画面上部の［グラフ］をクリックすると、チャネル内のタスクの状況がグラフで表示されます。

　各タスクの進捗状況がリアルタイムで分かるので、進捗が思わしくないタスクを早めに支援するなど、チームのシゴトを円滑に進めやすくなります。

図5-12 進捗を可視化するグラフ

自分に割り当てられたタスクを確認する（グループ別バケット）

バケットの表示は、［ボード］と［リスト］に切り替えることができます。［ボード］表示で、［○○でグループ化］をクリックすると、選択した条件でグループ化された表示に切り替えることができます。

［担当者］を選択すると、担当者別にタスクがグループ化されるので、自分に割り当てられたタスクをまとめて確認することができます。

図5-13　自分に役割分担されたタスクを確認する（グループ化）

条件でフィルタリングする

［○○でグループ化］で条件別にまとめて表示できますが、［フィルター］をクリックし、条件別にフィルタリングして表示することも可能です。

あらかじめ用意されているフィルターだけでなく、色の「タグ」に意味を定義し、そのタグをタスクに設定することで、オリジナルのフィルター条件を設定することもできます。

Teamsのチームと
チャネルの管理

　2章で説明したとおり、後で情報を検索しやすくするためには、「チーム」と「チャネル」を使って構造化することが重要です。Teamsの導入時だけでなく、定期的に「チーム」と「チャネル」を整理することで、情報の管理や検索を効率化できます。したがって、**運用ルールとして①Teamsの管理権限の委譲、②構造を整理するタイミング（例：3か月に1回）を決めておくことが重要**です。

チームの管理

　ここではまず、「チーム」の管理を行う操作を解説していきます。なお、チームの「メンバー」ではなく、「所有者」でなければできない操作があるので注意してください。

チームを作成する

　新しいチームの作成は、次ページの図5-14の手順で行います。この際、既存のチームをテンプレートとして作成することもできます。チームの設定、アプリ、メンバーなどを引き継ぐことができるので、効率よくチームを作成可能です。

図5-14 チームを作成する

❶ Teams画面左下の[チームに参加、またはチームを作成]をクリック
❷[チームを作成]をクリック
❸[最初から]をクリック
❹「チームの種類」を選択(プライベート:メンバーが参加するには所有者の承認が必要／パブリック:組織内の誰でも参加ができる)
❺「チーム名」(必須)と「説明」を入力し、[作成]をクリック(※「説明」はチームを一覧表示した際に、チーム名とともに表示される)
❻チームに参加するメンバーを検索して[追加]をクリック。後からメンバーを追加する場合は、下部の[スキップ]をクリック(※スキップした場合は、参加メンバーが自分のみのチームが作成される)
❼「所有者」または「メンバー」を設定し、[閉じる]をクリックするとチームが作成される

使わなくなったチームをアーカイブして保存する

　プロジェクトで利用する場合など、一定期間過ぎると使わなくなるチームもあります。このようなチームはアーカイブして保存することができます。アーカイブされたチームを参照することはできますが、チャネルを作成したり、コメントを投稿したりすることはできません。

　チームをアーカイブするには、Teams画面左下の歯車のアイコン（図5-14参照）をクリックし、「チームを管理」の画面に移動します。アーカイブしたいチームの［…］から、［チームをアーカイブ］をクリックします。

　なお、アーカイブできるのは「所有者」権限を持つユーザーのみで、アーカイブされたチームは、チームの一覧で「あなたのチーム」から「非表示のチーム」に移動します。アーカイブしたチームは、必要に応じて復元可能です。

管理者がチームを管理する・メンバーを追加する

　チームの「所有者」権限があれば、特定のチームの管理、メンバーの追加を行うことができます。メンバーの追加時には、新しいメンバーを「所有者」にするかどうかも選択できます。

図5-15　チームを管理する・メンバーを追加する

メンバーの役割を変更する

　チームメンバーの役割は、「所有者」または「メンバー」のどちらかになり

ます。役割はメンバーを追加する際に選択できますが、後からでも変更が可能です。図5-15のチームの管理画面の［メンバー］タブページから、役割を変更するユーザーの「役割」の［∨］をクリックし、所有者またはメンバーを選択します。

表5-2 チームの所有者・メンバーができること

	チームの所有者	チームのメンバー
チームの作成	○	×
チームから脱退	○	○
チーム名やチームの説明の編集	○	×
チームの削除	○	×
チャネルの追加	○	○ * [※2]
メンバーの追加	○	×
チャネル名やチャネルの説明の編集	○	○ *
チャネルの削除	○	○ *
タブの追加	○	○ *
コネクタの追加	○	○ *
チームの［設定］タブの表示	○	×

メンバーを削除する

　メンバーの削除もチームの管理画面から行います。メンバーの一覧から、削除するチームメンバーの名前の右端に表示された［×］をクリックし、ユーザーを削除します。ただし、所有者のままメンバーを削除することはできないので、その場合は先に役割を変更する必要があります。また所有者が1名の場合は、先に他のメンバーを所有者に変更しておく必要があります。

チームの管理画面で既定の設定を変更する

　チームの管理画面では、他にも次の設定を行うことが可能です。

※2：所有者は、メンバーの権限をオフに設定することができる。その場合、メンバーは＊の付いた項目にアクセスできなくなる。

チームの画像	チーム名の前に表示されるアイコンの画像を設定
メンバーアクセス許可	チームメンバーの権限の設定を変更
ゲストのアクセス許可	ゲストの権限の設定を変更
チームコード	メンバーがチームに参加する際に使用するコードを設定
お楽しみツール	絵文字、ミーム、GIF、ステッカーの利用を禁止（既定では許可）
タグ	タグを管理できるユーザーを指定

コードを利用してメンバー自身でチームに参加する

「チーム作成時にチームメンバーが決まっていない」「所属するチームメンバーが多く、登録に時間がかかる」といった場合、チームに参加するためのコードを生成し、そのコードをメンバーに伝え、メンバー自身にチームに参加してもらうことができます。メンバーがチームに参加した後、必要がなくなったコードは、セキュリティの観点から削除することをおススメします。

図5-16　メンバー自身にチームに参加してもらう

❶メンバーを追加するチームの[…]から、[チームを管理]をクリック
❷[設定]タブページをクリックし、[チームコード]をクリック
❸[コピー]をクリックすると、チーム参加用のコードがクリップボードにコピーされる。メールなどに貼り付けて、メンバーにコードを伝える
❹コードを受け取ったメンバーは、アプリバーから[チーム]を選択し、左下の[チームに参加、またはチームを作成]をクリック。「コードでチームに参加する」でコードを入力して、[チームに参加]をクリック

外部のヒトをチームに招待する

　Teamsでは、社外のヒトをチームに追加することができます。お客様とプロジェクトを進める場合など、外部のヒトを含めたチームを作成することで、今までメールで行っていた会話やファイル共有をチャットでできるので、より迅速な情報共有を実現できます。

図5-17　外部のヒトをチームに招待する

❶外部のヒトを招待するチームの[…]から、[メンバーを追加]をクリック(図5-15参照)。「メンバーを追加」画面で外部ユーザーのメールアドレスを入力して、[追加]をクリック。この操作でチームへの招待メールが送信される

❷外部のチームに招待されたことをお知らせするメールから[Microsoft Teamsを開く]をクリック。ブラウザーが開き、「アクセス許可の確認」を求められるので[承諾]をクリック。他の組織に切り替えるかメッセージが表示されるので、[組織を切り替え]をクリック。招待された組織のテナントが表示され、招待されたチームが表示される

❸以後組織を切り替えるには、画面右上に表示された組織名をクリックして、表示したい組織を選択する

👥 チャネル・タグの管理

　情報を「探す時間」を減らすためには、情報を構造化して、検索や管理をしやすくすることが重要であり、Teamsでは、「チーム」と「チャネル」を使って2階層で構造化します。チームに必要なチャネルが決まったら、チームにチャネルを作成します。1チーム当たり、200チャネルまで作成することができます。

図5-18 チャネルを作成する

❶チャネルを作成したいチームの[…]から、[チャネルを追加]をクリック
❷「チャネル名」(必須)と「説明」を入力
❸プライバシーから[標準]または[プライベート]を選択して、[追加]をクリック
　標準：チームの全員がチャネルにアクセスして閲覧できる
　プライベート：チーム内のユーザーの特定のグループしかアクセスできない

モデレーターを設定する

　Teamsにおける**モデレーター**とは、チャネルの管理などをする協力者のような存在です。投稿に返信できるメンバーを制限するためには、事前に、チーム所有者がモデレーターの設定をする必要があります。

　モデレーターを設定すると、チャネル内のコンテンツとコンテキストを管理する責任を、チーム所有者とチャネルモデレーターで共有するので、モデレーターは、チームメンバーのアクセス許可の設定が可能になります。

図5-19 モデレーターの設定

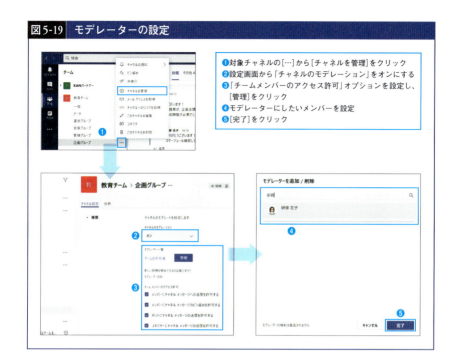

❶対象チャネルの[…]から[チャネルを管理]をクリック
❷設定画面から「チャネルのモデレーション」をオンにする
❸「チームメンバーのアクセス許可」オプションを設定し、[管理]をクリック
❹モデレーターにしたいメンバーを設定
❺[完了]をクリック

【Tips】投稿に返信できるメンバーを制限する

既定では投稿に対して全員が返信できるようになっていますが、「チャネルをお知らせ専用のチャネルとして使用したい」「全員が投稿すると情報が煩雑になってしまうので投稿者を限定したい」といった場合、投稿可能なメンバーを制限することもできます。[書式]をクリックしてテキストボックスを広げ、[自分とモデレーターが返信できる]をクリックすると、モデレーターと自分のみが返信できるようになります。

タグを作成する

メンションで利用する「タグ」(第2章参照) は、チームの「所有者」権限を持つユーザーが作成することが可能です。

図5-20 メンションで利用するタグを作成する

❶タグを作成したいチームの[…]から[タグを管理]をクリック　❷[タグを作成]をクリック　❸「タグ名」を入力。「ユーザーを追加」に登録したいメンバーを検索して追加　❹[作成]をクリック

第6章

ジブンのシゴトの「見える化」

Tasks(To Do)でコジンのシゴトを管理する

　コジンのタスク管理では、次の点がポイントになってきます。

1. シゴトのフローチャートを書いてみる

　シゴトの流れを整理することは、シゴトを効率化する上で非常に重要です。1章でプロセス思考の話をしましたが、業務プロセスが改善できないヒトに共通しているのは、「シゴトをプロセスやフローチャートで整理できない」「シゴト時間の見積もりができない」という2つの大きな問題があります。業務プロセスを改善したいヒトは、フローチャートでモノゴトを整理するトレーニングをおススメしています。

2. シゴトの「時間」を引き算で考える

　シゴトの効率をあげるには、引き算で考えます。初めてのシゴトでかかった時間が60分だったとしましょう。次回、同じ品質を維持したまま45分でできるようにするために、何をどのようにすれば15分を削れるかを考えます。そして次回、同様のシゴトが来た場合、45分で完了できるかチャレンジします。このトレーニングを繰り返すことで、ジブンの1つ1つのシゴトの見積りを的確に行えるようになります。

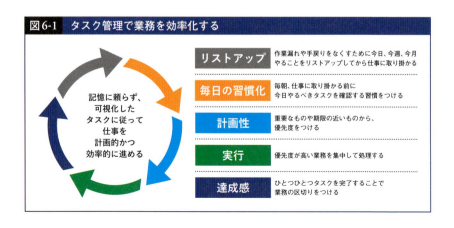

図6-1　タスク管理で業務を効率化する

To Do を Teams と連携して使う

5章では、Plannerを使って、チームのタスクを管理する方法について説明しました。第6章では、コジンのタスクを管理する **Tasks（To Do）**[1]について説明します。Tasksを使えば、コジンのタスク管理だけでなく、チームやプロジェクトのメンバーとタスクを共有し、管理することができます。

> **Tasksを使うと「できる」こと**
> - 日々のタスクを登録
> - 組織やプロジェクトのメンバーと、タスクを共有、共同で進捗管理
> - Outlookメールをそのままタスク化
> - 組織・プロジェクトのタスクは、進捗をグラフで可視化

TeamsにTo Doアプリを追加する

図6-2 To Doを起動する

「PlannerおよびTo DoによるTasks」アプリをTeamsに追加する

右クリックで[ピン留めする]（[固定]）を選択すると、左側のメニューに常に表示できるのでアクセスがしやすくなる

※1：Plannerは、To Doと統合し、将来的に名称を「Tasks」にすると発表されている。2021年2月11日現在、アプリの名称が「PlannerおよびTo DoによるTasks」となっているが、本書ではアプリの機能を区別するため、「Planner」と「To Do」と名称を分けて使用している。

表6-1 「自分のタスク To Do」に表示される項目

自分のタスク一覧	表示されるタスク
タスク	すべてのタスク
！重要	優先度「重要」に設定したタスク
計画済み	期限を設定したタスク
自分に割り当て済み	チャネル（組織・プロジェクト）のタスクで、自分が担当者に割り当てられたタスク
リスト	リストを作成した場合（図6-4）、作成したリストが表示される

タスクを作成する

タスクの追加は［＋タスクの追加］から行います。

図6-3 タスクの追加

❶［タスク］をクリックし［＋タスクを追加］をクリック
❷「タスクのタイトル」を入力し、[Enter]キーを押下するとタスクが登録される
❸登録されたタスクをクリックするとタスクの詳細設定画面が表示される。Plannerのタスクと同様、チェックリストを設定可能。タスクに詳細な作業がある場合は、チェックリストに登録して管理する

タスクをフィルターで絞り込む

登録したタスクは右上の［フィルター］をクリックして、期限や優先度、キーワードで絞り込むことができます。

タスクをリストで管理する

関連する業務など、カテゴリでまとめたいタスクは「リスト」で管理します。

図6-4 タスクをリストで管理する

❶画面左下の［＋新しいリストまたはプラン］をクリック
❷「名前」と「作成場所」を設定し、［作成］をクリック
❸新しいリストが作成され、リストにタスクを追加することができる
※「作成場所」で、「自分のタスク」ではなく、「チーム」と「チャネル」を選択した場合は、Plannerの「プラン」として作成され、チームのメンバーにタスクを割り当てることが可能になる

タスクを移動する

作成済みのタスクを別のリストに移動することができます。移動させたいタスクを選択し、タスクの右側に表示される［…］をクリックします。移動先を指定するダイアログボックスが表示されるので、移動先を選択すると、指定したリストにタスクが移動します。

タスクを完了する

タスクのタイトル名の前の［○］をクリックするとタスクが完了し、一覧から削除されます。完了したタスクは、画面右上の［アクティブな全タスク］を［完了済み］に切り替えると、完了したタスクとして一覧表示されます。

👥 To Do を Outlook から使う

To Do は Outlook とも連動するので、メール・予定表から単体で起動することができます。簡単なタスク登録と管理は Teams での一元管理が便利ですが、繰り返しのタスク登録などの機能を使いたい場合は、To Do で行います。

表6-2 To Do と Teams のできること

できること	To Do	Teams
タスクの通知	○	○
通知と期限の設定	○	△
詳細設定	○	△
ステップ（チェックリスト）の追加	○	△
繰り返し設定	○	×
進捗確認・更新	○	○
リストの作成	○	○
リストの複製・共有	○	×
フィルターでの絞り込み	×	○
今日の予定に追加	○	×

タスクを作成する

Outlook から To Do のタスクを登録するには、次のような手順で行います。

図6-5 OutlookからTo Doのタスクを登録する

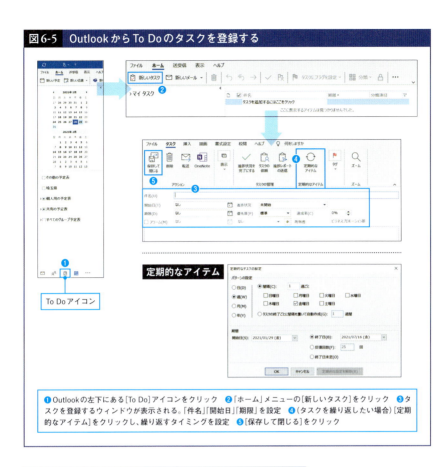

❶ Outlookの左下にある[To Do]アイコンをクリック ❷「ホーム」メニューの[新しいタスク]をクリック ❸ タスクを登録するウィンドウが表示される。「件名」「開始日」「期限」を設定 ❹（タスクを繰り返したい場合）[定期的なアイテム]をクリックし、繰り返すタイミングを設定 ❺[保存して閉じる]をクリック

OutlookのメールをTo Doのタスクとして登録する

図6-6 メールをTo Doのタスクとして登録する

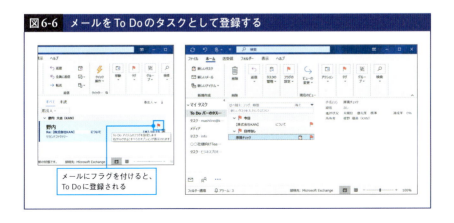

メールにフラグを付けると、To Doに登録される

OneNoteでいつでも どこでも手軽にメモをとる

👥 OneNoteとTeamsを連携して使う

- 保管場所が散在してなかなか見つからない
- 複数名でファイルを更新して、最新版が分からなくなった
- 会議体によって、議事録の共有方法がまちまち
- メンバーによって知っている情報の量や質がバラバラ

ファイルサーバーやグループウェアの歴史を振り返ってみても、情報が分散されてしまう問題は、昔から存在しています。その理由は、ファイルサーバーやグループウェアが情報管理の「仕組み」を提供したとしても、ユーザーがバラバラな場所に保存してしまうからです。

コミュニケーションとコラボレーションの中心として設計されているTeamsが、どうやってこの問題に取り組んだのか、私なりに考察しました。

まず、「チャネル」が重要なのは、「チャネル」が情報をまとめる単位だからです。チャネルに投稿された会話、ファイル、（チャネルに紐づけられた）会議やタスク管理と、すべてが「チャネル」に集約されているので、ユーザーから見ると、とてもシンプルな構造になっているのです。

「チーム」と「チャネル」の2階層にすることで、ユーザーは3Stepでやりたいことに辿りつけるようになっています。

「チーム」→「チャネル」→「ファイル」
「チーム」→「チャネル」→「タスク管理」
「チーム」→「チャネル」→「……」

「チャネル」に関係することは、全部「チャネル」からアクセスできるようにしているのです。「チャネル」にタスク管理として「PlannerおよびTo DoによるTasks」を関連付けたように、アプリケーションを紐づけることで、ユーザーが使うアプリケーションも統一化しやすいのです。

他のアプリケーションと同様、**OneNote**も単独で利用することはできますが、チャネルにOneNoteを紐づけることで、チャネル会議の設定時に記載したアジェンダをOneNoteに転送できるなど、Teams内で連携して使うことができます。まさに、シゴトの「はじまり」から「おわり」までを考え、シゴトの流れを止めないような設計がされているのです。

【Tips】OneNote共有時の注意点

OneNoteの保存先は、個人のOneDrive（後述）になるため、異動や退職でアカウントが変わる、なくなる場合は、事前に保存先の変更が必要です。情報の機密性に合わせて、共有先や共有方法の設定には注意しましょう。デスクトップアプリ版の場合、最新版の共有にクラウドとの同期が必要です。

図6-7 シゴトの流れを止めない（Teams内で会議から議事録まで）

会議の場で議事録を作成、参加者がその場で確認することで、作業負荷の軽減と時間の短縮に

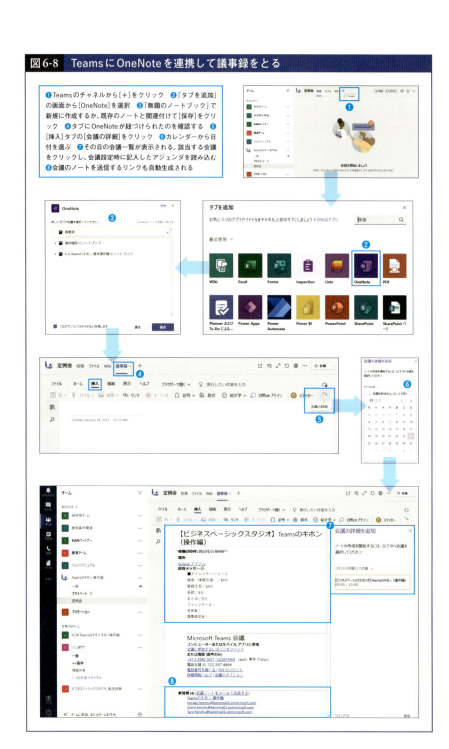

OneNoteが提供する機能を理解する

OneNoteが提供する機能を活用すれば、次のことが可能になります。

OneNoteを使うと「できる」こと
- いつでもどこでも手軽にメモ
- ノートブック、セクション、ページを分けてテキストを整理
- 様々なツール、メディアと組み合わせ
- 情報を一か所にまとめて共有・編集

OneNoteを起動すると、以下のような画面になります。［＋新しいノートブック］をクリックすると、新しいノートブック名を入力するダイアログが表示されるので、ノートブックの名前を入力して、［作成］をクリックします。

図6-9　OneNoteの起動画面

セクションとページを使う

OneNoteのノートブックでは、「セクション」と「ページ」を使って、情報を構造化します。起動したOneNoteで、図6-10のようなナビゲーションが表示されていない場合は、左側にあるサイドバーの［ナビゲーションの表示］をクリックしてください。

セクション・ページを追加する

セクションは、ナビゲーションの下部に表示されている［セクションの追加］から追加することができます。「セクション名」を入力するダイアログが表示されるので、セクション名を入力し［OK］をクリックすると、新しいセクションが作成され、既定で「無題のページ」が作成されます。

ページについては、［ページの追加］をクリックすると、「無題のページ」が追加されます。

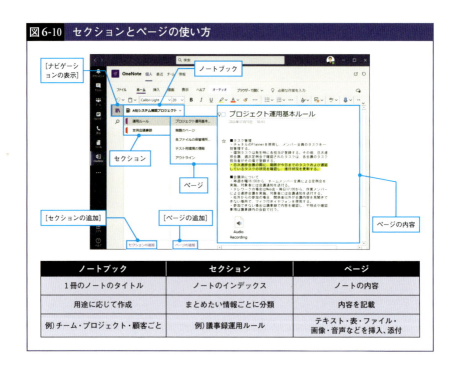

図6-10　セクションとページの使い方

ノートブック	セクション	ページ
1冊のノートのタイトル	ノートのインデックス	ノートの内容
用途に応じて作成	まとめたい情報ごとに分類	内容を記載
例）チーム・プロジェクト・顧客ごと	例）議事録運用ルール	テキスト・表・ファイル・画像・音声などを挿入、添付

セクション名・ページ名を変更する

　セクション名の変更は、名前を変更したいセクションを右クリックし、［セクション名の変更］をクリックします。「セクション名」を変更するダイアログが表示されるので、セクション名を変更し、［OK］をクリックします。

　ページ名については、ページの先頭に入力された文字列が自動的にページ名に設定されるようになっているため、先頭行にページ名になるようなタイトルを入力します。なお、ページ側をクリックすると、ページを広く使うために、自動的にナビゲーションが非表示に切り替わります。この場合も、［ナビゲーションの表示］をクリックすると再びナビゲーションが表示されるので、ページの先頭に入力した文字列がページ名になっていることを確認できます。

OneNote のページを編集する

　図6-11のように、OneNoteのページは、ページ上でクリックした場所に入力ができます。入力した文字列は、「ノートコンテナー」と呼ばれる、1つの「かたまり」として扱われます。「ノートコンテナー」をドラッグすると、コンテナーごと、簡単に別の場所に移動させることができます。

　移動するためには、「ノートコンテナー」にカーソルを位置づけます。カーソルが✥に変わったら、ドラッグして移動します。

　「ノートコンテナー」の大きさは、「ノートコンテナー」の右辺を左右方向にドラッグすることで変更することができます。

文章を移動する

　ページ内の文章や画像の配置は、ドラッグ＆ドロップで移動することができます。「ノートコンテナー」の左辺の外側で、カーソル動かすと、▷のカーソルが表示されるので、移動させたい文章の先頭に位置付けます。

　クリックすると文章が選択され、上または下方向に動かすと、文章を移動させることができます。

　文章が選択された状態から、ページの空いている場所（現在のノートコン

テナーの外側の空いている場所）までドラッグすると、選択された文章は、新しい別の「ノートコンテナー」として分離することができます。

アウトラインを使う

アウトラインを使用すると、文章や段落構成を見やすくレイアウトできます。アウトラインを使用するには、[インデントを減らす] または [インデントを増やす] を使います。

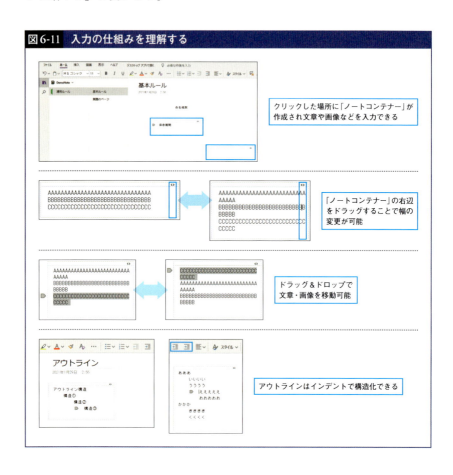

図6-11 入力の仕組みを理解する

ノートシールを使う

ノートシールは、入力文字の行頭にマークを付ける、マーカーを引くなどの目印機能です。重要や特別だと分かるようにマークやチェックボックスを付けることができます。シールを付けて内容を分類したいときに便利です。

スペルチェックとオートコレクトオプションを使う

OneNoteでは、スペルチェックの機能を使ってスペルミスをチェックしたり、オートコレクトオプションを使って、入力の自動変換をしたりできます。

図6-12　ノートシール・スペルチェック・オートコレクトのオプションを使う

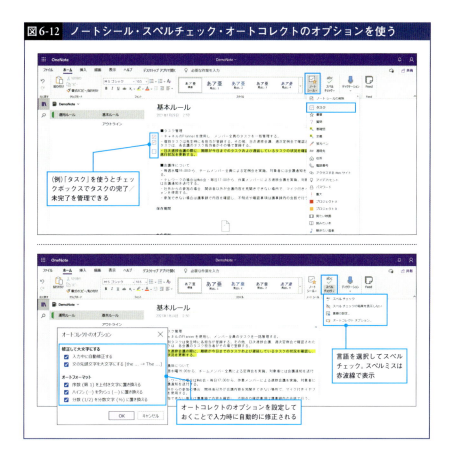

【Tips】OneNoteでタスク管理をする

　ノートシールの「タスク」を使うと、チェックボックスでタスクの完了／未完了を管理することができます。手書きで紙のノートにタスクを書き出して、終わったらチェックをつける形式のタスク管理を、電子版ノートのOneNoteで行うイメージです。OneNoteで情報をまとめながら、簡易的なタスク管理を行う場合に便利です。

　一方、期日や条件などで、進捗を効率よく管理したい場合は、前述のTasks（PlannerやTo Do）を利用することをおススメします。

テキスト以外のデータを記録する

　OneNoteには、テキスト以外にも、さまざまな形式のデータを記録することができます。その場で直接、音声ファイルを録音・添付することなども可能です。

　テキスト以外を挿入する場合は、OneNoteの［挿入］タブをクリックし、表示される一覧から、［オーディオ］など、挿入したい内容のボタンをクリックします。

セクション・ページを移動する

　OneNoteでセクションやページを作成した後に、後から別のセクションに移動したり、ページの順番を入れ替えたりしたいことがあります。セクションとページは、ともに、ドラッグ＆ドロップで移動させることができます。

　また、セクション名・ページ名を右クリックし、［移動/コピー］をクリックすることでも移動できます。

👥 OneNoteを共有する

　自分のOneNoteを他のヒトに共有したい場合、ノートブックの単位で共有することが可能です。セクション・ページ単位での共有はできないので注意してください。

　共有の際に、閲覧だけでなく、編集権限をつけることで、共有した相手も編集可能になります。また、有効期限を設定することで、期限付きの共有も可能です。ノートブックの共有範囲・期間などに合わせて、「リンクの設定オプション」を選択します。

図6-13　OneNoteを共有する

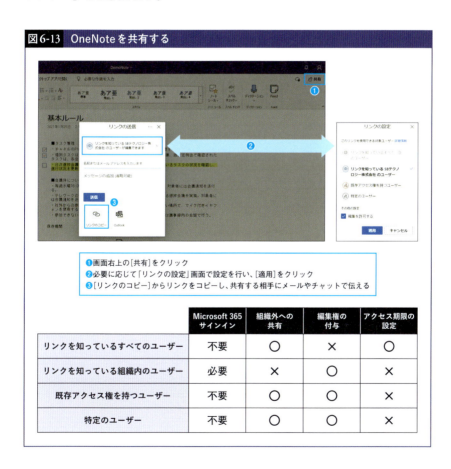

OneDriveでジブンのデータを管理する

　個人ファイルの保管サービスとして、**OneDrive**があります。PCやタブレットを利用して、どこからでもアクセスすることができます。OneDriveを使えば、ファイルを保存したり、保存されたドキュメントをオンライン上で閲覧したり、編集することができます。

> **OneDriveを使うと「できる」こと**
> - ファイルを保存：容量無制限のストレージ
> - ファイルを探す：ファイルの中までキーワード検索
> - ファイルを共有：複数の人とデータを共有
> - ファイルを使う：最大5デバイスからアクセス可能

　OneDriveにアクセスする場合、Teams同様、アプリケーションをインストールしてアクセスすることもできますが、本書では、OneDrive（Web版）を利用して説明します。

図6-14　OneDrive（Web版）を開く

ファイル・フォルダーを作成する

ファイルとフォルダーの作成は［+新規］ボタンから行います。［Word文書］［OneNoteノートブック］［Formsでのアンケート］などのファイルの形式や、［フォルダー］を選択し、名前を入力して作成します。

ファイル・フォルダーをアップロードする

OneDriveでは、ファイルかフォルダー単位でのアップロードが可能です。［アップロード］をクリックして、［ファイル］または［フォルダー］を選択し、対象のファイルまたはフォルダーを選んでアップロードします。

ファイル・フォルダーを共有する

OneDriveでは、ファイルやフォルダーを他者に共有することができます。ただしセキュリティの観点から、共有範囲を組織内に限定している場合や、設定画面や操作できる範囲を制限している場合もあります。

図6-15　フォルダーやファイルを共有する

❶フォルダーかファイルを選択し、メニューから［共有］を選択
❷必要に応じて「リンクの設定」画面で設定を行い、［適用］をクリック
❸［リンクのコピー］からリンクをコピーし、共有する相手にメールやチャットで伝える

ファイルのバージョン管理を行う

OneDriveに保存されているファイルは、データを上書き保存すると、保存前のファイルもバージョン履歴として残ります。

誤って上書き保存してしまった場合は、バージョン履歴から「復元」することができます。空き容量を増やしたい場合や、バージョン履歴が必要なくなった場合は、バージョンを「削除」することも可能です。

図6-16 ファイルのバージョン管理を行う

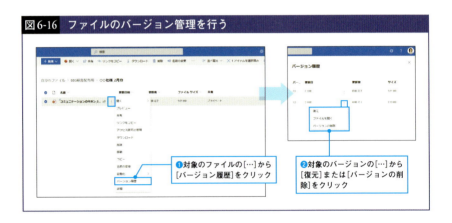

❶対象のファイルの[…]から[バージョン履歴]をクリック

❷対象のバージョンの[…]から[復元]または[バージョンの削除]をクリック

OneDriveとTeamsの関係

OneDriveには、直接アップロードしたファイルのほか、Teams内で共有しているファイルも格納されます。Teamsのプライベートチャットやグループチャットに添付したファイルはOneDriveに保存され、チャットに参加している全メンバーで共有できます。

TeamsからOneDriveのデータを確認する

Teamsのアプリバーの[ファイル]から、OneDriveのデータを見ることができます。自分が所属しているすべてのチームのファイルを確認することが可能です。

図6-17 TeamsからOneDrive上のデータを確認する

【Tips】チャットの「ファイル」に直接ファイルをドラッグ＆ドロップ

　プライベートチャットやグループチャットでファイルを添付すると、チャットの「ファイル」フォルダーに格納されます。この「ファイル」に、直接ドラッグ＆ドロップして、ファイルを格納することもできます。その際、ファイルが共有された旨のチャットが自動的に送信されます。

図6-18 チャットの「ファイル」にファイルを直接格納する

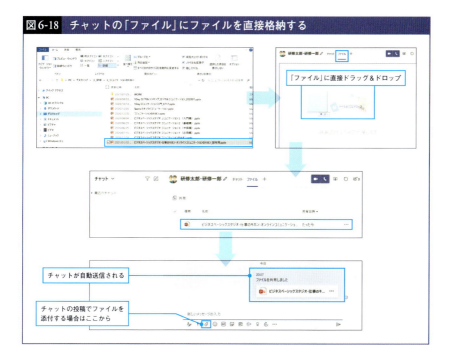

MyAnalyticsでジブンの働き方を「見える化」する

コミュニケーション習慣をセルフチェックする

　日々のシゴトにおいて、会議、メール、チャットなど、コミュニケーションに多くの時間を費やしています。これらの行動習慣をデータに基づき、セルフチェックすることは大切です。

　MyAnalyticsを利用すると、自分のコミュニケーションデータの可視化と分析ができるので、自分のコミュニケーション習慣をセルフチェックすることができます。Microsoft 365のメニューから［MyAnalytics］をクリックし、サイドメニューからそれぞれの機能を選択します。

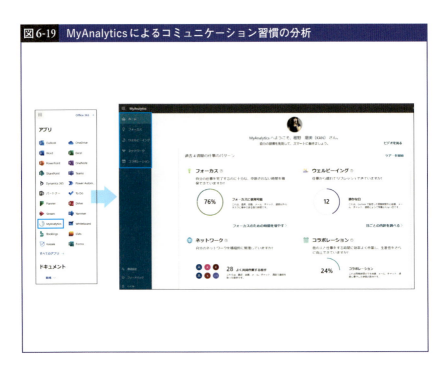

図6-19　MyAnalyticsによるコミュニケーション習慣の分析

フォーカス時間を利用する

「フォーカス計画」を利用すると、毎日1時間から2時間を、自動的にフォーカス時間（集中する時間）として、スケジュール設定できます。フォーカス時間中は、Teamsチャットはミュートにされます。

ウェルビーイングを確認する

ウェルビーイングとは、身体的、精神的、社会的に良好な状態にあることを意味する概念のことです。MyAnalyticsでは、勤務時間外の業務状況を分析し、ウェルビーイングな状況で働けているかどうかが表示されます。

ネットワーク状況を確認する

メールの既読率、返信までの時間など、社内外のヒトとヒトのネットワーク状況が表示されます。表示は、「マップビュー」と「一覧」に切り替えることができます。「マップビュー」は、誰と共同作業する時間が長いのかを直感的に確認するとき、「一覧」は、ヒト別にメールの既読率や返信までの時間など、詳細を確認したいときに使います。

コラボレーションを実現する

「会議に関する習慣」と「コミュニケーションに関する習慣」が分析表示されます。「オンライン会議に時間どおり出席しているか」「会議出席依頼の返信を迅速に行なっているか」など、会議の効率や効果を低下させる行動要因が分析表示されます。また、［提案を見る］をクリックすると、現状を評価し、改善が必要であれば、改善提案を表示してくれます。

ここでは、MyAnalyticsを使って、ジブンの働き方を「見える化」する方法を紹介しました。次の節では、本章のまとめとして、心地よく働くためにその現状をどう改善すればよいかを考えていきましょう。

「やりたいこと」=「できること」=「求められていること」

「数値化できない能力」を磨く

「自分の強みが分かりません」
「どうすれば、やりたいシゴトを見つけられますか？」

このような「焦り」や「不安」は、悩みを複雑にしてしまうことがあります。その1つに、「テクニックの負のスパイラル」と名付けた状況があります。これは、うまくいかないのは「テクニック」不足が原因と考え、「テクニック」だけを身につけるスパイラルに入ってしまっている状況のことです。

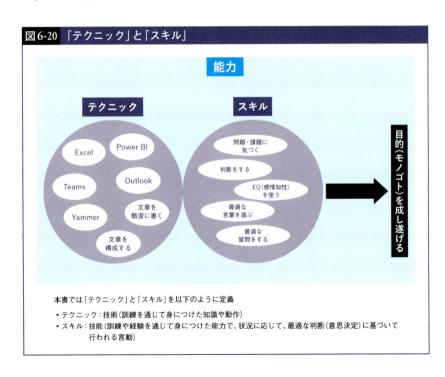

図6-20 「テクニック」と「スキル」

本書では「テクニック」と「スキル」を以下のように定義

- テクニック：技術（訓練を通じて身につけた知識や動作）
- スキル：技能（訓練や経験を通じて身につけた能力で、状況に応じて、最適な判断（意思決定）に基づいて行われる言動）

「テクニック」を身につけることは大切ですが、**ヒトが「何か」をできるようになるためには、「テクニック」と「スキル」の両方が必要です。** 4章で紹介したカッツ理論の「テクニカル・スキル（業務遂行能力）」は、Teamsが使える、Excelが使えるといった業務遂行に必要な「テクニック」が中心で、「ヒューマン・スキル（対人関係能力）」と「コンセプチュアル・スキル（概念化能力）」は、数値化しづらい「スキル」が中心です。

「コンセプチュアル・スキル」は、目に見えている具体的な事象を抽象化し、モノゴトの「本質」をつかみ取る能力です。「コンセプチュアル・スキル」を磨くことは、「変化の先読み」「変化の先取り」スキルを磨くことにもつながるので、「テクニック」を修得するときにも役に立ちます。

たとえば、Teamsの「コンセプト」である、「Any device. Any network. Anywhere」「どこにいても、一緒に働く（Work Together Anywhere）」を理解していると、オンライン会議以外の機能に気づけたり、将来提供される機能を予測できたりといった具合です。

👥 「時期の早さ」と「身につける速さ」を見極める

目に見えることだけに囚われてしまうと、カッツ理論もマネージャーになってから考えればいい、「コンセプチュアル・スキル」の比率が最初は少ないから、後で身につければいいと考えてしまいがちです。

カッツ理論に、本書で定義した「テクニック」と「スキル」を組み合わせた図が、図6-21です。私は、カッツ理論で定義された3つのスキルには、**どのスキルにも、テクニカルな側面とスキルの側面がある**と考えています。

たとえば、「ヒューマン・スキル」の1つであるコミュニケーションスキルでは、話術や対話法などがテクニカルな側面で、それらをとおして、相手がどのように感じているかを感じ取るのがスキルです。

「テクニカル・スキル」は、「テクニック」の割合が高いので、自分の「行動量」≒「成長量」であり、行動量を増やすことで、「身につける速さ」を速めることができます。テクニックを学んだ後は、「行動量」を増やせば成果につながるので、教える側も、教わる側も、成果が分かりやすく、「成長スピード」を見積りやすいのです。

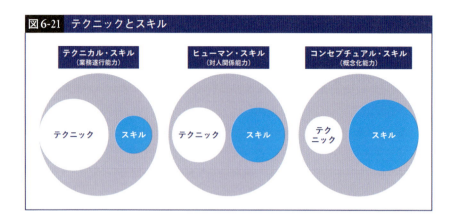

図6-21　テクニックとスキル

　一方、「コンセプチュアル・スキル」は、「スキル」の割合が高いので、単に「行動の量」だけ増やせば身につくというものではありません。どのような行動をするか、「行動の質」が必要であり、「行動の質」を磨くには、「経験の質」と「経験の量」を増やす必要があるからです。

　つまり、「スキル」を磨くには、「機会」を手に入れる必要があり、最初の「機会」を得るタイミングがいつになるかが重要で、これが「時期の早さ」です。研修を受けた方々が「もっと早く知っておきたかった」「もっと早く身につけておきたかった」と言われるのは、それまで「身につける速さ」だけに着目していたことに気づかれるからです。「テクニカル・スキル」に比重を置いた新入社員研修を実施する組織が多いのですが、私は、**「ヒューマン・スキル」や「コンセプチュアル・スキル」のテクニカルな部分を早めに教え、同時に「テクニックだけでは、うまくいかないことを経験する」**ことが重要と考えています。

　このことを裏打ちしてくれたのは、このコンセプトで設計した新入社員研修を受講した方々の成長カーブと成長スピードです。「テクニックだけではうまくいかない」「テクニックとスキルの両方が必要である」ことを、自らの経験として実感すると、「時期の早さ」と「身につける速さ」の両方を意識した行動をとる人が多いからです。最初に「学び方を学ぶ」ことができれば、後は、自主的に学べるという事例になります。

「知る」→「理解する」→「できるようになる」

ヒトが「何か」をできるようになるには、「①知る」→「②理解する」→「③できるようになる」という3つのフェーズが必要です。スキルには、「①知る」フェーズで、「教えられたこと」と「できる」がイコールになりやすいスキルと、イコールなりづらいスキルがあることを理解することも重要です。

たとえば、経験や体験があまりなくても、小学生にプログラミングを教えると、プログラミングスキルを身につけることができます。プログラミングスキルは、「教えられたこと」≒「知っていること」≒「できること」になりやすいスキルです。

一方、コミュニケーションスキルは、「知っていること」≠「できること」なので、教えられただけでは、「知っていること」≒「できること」にはなりません。教えられた後に、「経験」をとおして、「できる」にする必要があります。

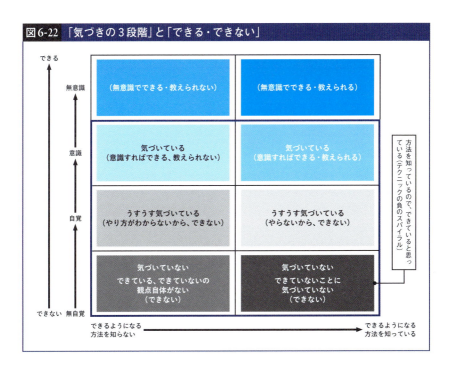

図6-22 「気づきの3段階」と「できる・できない」

「できること」=「求められていること」を積み上げる

シゴトの種類に関わらず、「仕事にする」には、周りから求められている必要があります。「できること」＞「求められている」になれば、仕事の選択の幅が広がり、選択の幅が広がれば、その中から「やりたいこと」が見つかりやすくなると考えています。

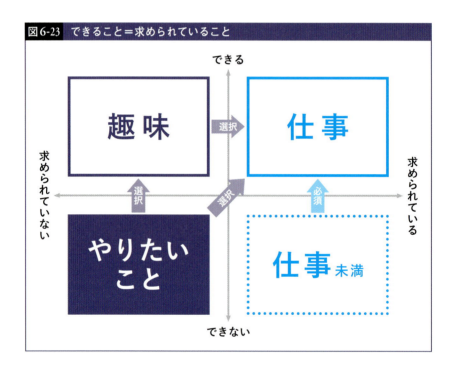

図6-23 できること=求められていること

心地よい「働き方」を実現・維持するには、定期的に「働き方」や「シゴト」を見直すことが必要です。その際、「やりたいこと」＝「できること」＝「求められていること」の公式や図6-23、図6-24のようなマトリックスを使って、ジブンのシゴトを整理します。

求められている「やりたいこと」をシゴトにしたい場合、「やりたいこと」≠「できること」なのであれば、その要因が「働く環境」によるものなのか、「ジブンの能力」によるものかを整理し、「やりたいこと」＝「できること」に変えていきます。

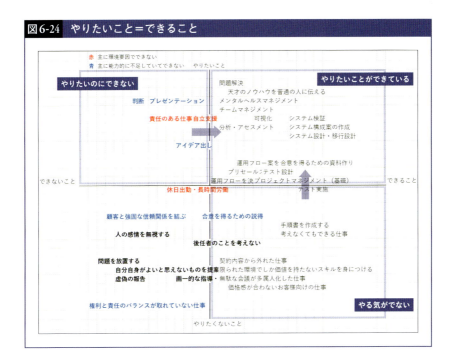

「行動習慣」を決める

「スキル」を磨くには、日ごろの「行動習慣」が重要だと考えています。本書では最後に、5つの行動習慣を紹介します。

習慣①：言葉を定義する（言葉の定義を確認する）

「あなたの意見は、主観的です。客観的に考えてください。」と言われた場合、どのように反応しますか？ 4章で「言葉のイメージ」について説明しましたが、「主観的」「客観的」も、「主観的≒個人の思い込み」＜「客観的≒事実に基づく」と、優劣で考えがちな言葉です。しかし、相手の意図する「客観的」が必ずしも「事実」に基づいているとは限りません。

このように、日ごろ、便利に使う「言葉」ほど、注意が必要です。誰かの「言葉」に違和感を覚えたり、感情的にモヤモヤ、イライラを感じたりした場合、相手の「言葉」の定義を確認することで、解釈のギャップを埋めやすくなります。

習慣②：前提条件を確認する

　前提条件を確認する習慣は、不快な時間やムダな時間を減らしてくれます。たとえば、「できる」が必要とされる場面で、「できること」≠「求められていること」になってしまうのは、お互いの「できる」の基準、前提条件が一致していないからです。

　話し合って、何かを決めるときに、最初に、以下の3つの確認をします。
①相手の希望・期待値を具体的に確認する

　（例：あなたが期待されることは、○○であっていますか？）
②相手がどこまで知っていて、知らないことは何かを確認する

　（例：○○について、××までご存じという認識であっていますか？）
③相手が賛成する条件・反対する条件を確認する

　（例：○○について、賛成条件や反対条件を教えてください。）

習慣③：調べる前に考える

　簡単に「①知る」ができるようになった弊害として、「②理解する」→「③できるようになる」を通らず、「①知る」＝「③できる」と勘違いしてしまうことがあります。インターネットで検索する前に、仮説をたて、ジブンの言葉で定義してから検索すると、思考力が磨かれ、仮説を立てるスキルが身につきます。

習慣④：毎日、変化を見つける

「変化の先読み」「変化の先取り」スキルを身につけるには、アンテナをはって、変化に気づく力、変化を感じ取る力を磨くことが必要です。毎日、新しい変化を1つ以上見つけるようにします。

習慣⑤：ジブンがやりたくないことは、ヒトにやらせない

　自分のシゴトを減したとき、その分誰かのシゴトが増えていたら、それは業務改善ではありません。ちょっとしたオペレーションの面倒臭さ、制度の見直しが必要だと思うことなど、「事実」と「意見＋改善案」を多くの仲間と共有します。たとえば、Yammerに投稿して、全社で共有します。そうすると、同じことを感じていた同僚がコメントをくれたり、関連する課題が追加されたり、組織やチームの課題が可視化されます。可視化された課題が改善されることで、より心地よく働くための環境を実現しています。